小川義文 自動車

Ogawa Yoshifumi The Car

写真◉文　小川義文

東京書籍

小川義文　自動車　目次

ブックデザイン　笹川寿一

小川義文 自動車

Ogawa Yoshifumi The Car

写真◉文　小川義文

東京書籍

同じ視点でターボを撮り続ける

PORSCHE 911 turbo S（964モデル）

走り去るポルシェ・ターボの後ろ姿は、闘争的な美を感じさせる。ひと目でターボとわかる大きく張り出したホイール・ハウジング、どんな状況下でもやり過ごせるグリップと優れたブレーキ、そして十分な安全性と快適性を備えている。なんの気負いもなくハイスピード・ドライビングを楽しむことを可能にし、日常で乗れるスポーツカーという多用途性が、ポルシェ・ターボの魅力である。

一九九三年の初秋。マルセイユのプロヴァンス空港で964型ポルシェ・ターボSを受け取る。当時の私の撮影スタイルは、独ポルシェ社が用意した最新モデルを海外の空港で受け取り、風光明媚な場所で撮影しながら、自らのドライブで目的地に向かうというものだった。つねに最新のポルシェのハンドルをどの日本人よりもはやく握れるのだから、ポルシェ好きの写真家にとってはうってつけの仕事である。

マルセイユの郊外に出てから、アクセルペダルを踏み込んでいく。レヴカウンターの針が3800rpmを指すや否やターボチャージャーが目覚め、エンジンの燃焼室に大量の空気が流れ込む。前触れもなく背中がシートに押しつけられ、レーシングカー並みのパフォーマンスに驚嘆する。その一方で、ドライビングに集中しながらも、撮影のために、目前に広がる美しい景観を見逃さないようにしなければならない。ただ、景観の美しさに気をとられていると、ブレーキングのタイミングを失うことになり、カーブをクリアできず、気がついた時には路肩の茂みに取り残されるという事態にもなりかねない。

そのあたりの加減は熟知しているつもりだが、ターボの凄絶（せいぜつ）なスピードは未知の領域であった。

行く先々でどのような風景が私を待っているのかはわからない。美しい景観に遭遇することも重要だが、それ以上にターボらしさを写真でどう表現するかが大きな課題である。

プロヴァンスの、ひたすら平らでどこまでも続くプラタナスの並木道。緑のトンネルに覆われた道を走りながら車窓越しに風景を眺める。樹々の間から差し込む強い光によって一層深みをもたらされる影と、ターボの闘争的なスタイルがコントラストとなり、独自の美しさを表すことができるかもしれない。

ターボの美しさには、「造形美」と「機能美」がある。疾走感あふれるフォルムは感性に気持ちよく響き、進化を遂げる技術は、純然たるスポーツカーであり続けることの驚異を感じさせる。いつの時代だろうと、そのふたつが乖離せずに最高のバランスを味わわせてくれる。ターボは性能を追求すればするほど、造形と機能というふたつの美しさが高まってゆく。

ターボの美をどのように知覚するのか。その本質を表現したいと私は思っていた。

ターボを停めて３００㎜の望遠レンズを構える。

決定的瞬間はその時に訪れた。ターボの大きく張り出したリアフェンダーに照射された強い光によって、ターボの超絶なパワーのイメージが浮かんできたのだ。写真表現における決定的瞬間は、写真家とほとんど偶然といっていい遭遇から成る。対象から触発され、カメラを操作する。その手応えを作品として対象化するのは後の作業だ。

初代から今に至るまで、ほとんど変わらないそのシルエットは、どこからもひと目で９１１とわかる。造形の見事さに、ついいつも同じ場所にレンズを向けてしまう。結果的に、同じ視点でターボの後ろ姿を撮り続けることで、微妙なスタイルの変化を逃さずにとらえていくことになる。続けていれば見えてくる瞬間がある。その時間が、作品の中に写り込んでくる。

膨大なカット数の写真を撮っていても、「会心の作」というのは、数枚程度。光と影の妙味。そしてその写真を撮るものがいままでに見たことのない、見事な瞬間に遭遇する。自分が納得できる写真を撮るのは本当に難しい。このターボの写真は、私にとって会心の作だと思う。

Boxster S

思いのままに操る感覚を体現する

PORSCHE Boxster S

羽田が日本の空の玄関だった一九六〇年代、空港に到着する父のアメリカの友人を迎えに、よく付き合わされたものだ。

車窓越しから川岸に大きな看板がいくつも立っているのが見えると、羽田空港に着いたという合図だ。それは飛行機の乗客にも見えるようにしたため大きいのだ。子供の私にとっては、夜間に見える大型看板を縁取るチューブ管の光は艶やかで、異国情緒漂う風景に感じられた。

首都高速1号横羽線、京浜工業地帯のコンビナートや石油プラントのある風景はいまも変わらない。空港の出口付近の大型看板は撤去されてしまったが、なぜか飲料水メーカーの真っ赤な電飾の看板だけがいまも残っている。以前から、この赤い光の下でスポーツカーを撮影したかった。エネルギーに満ちたアクティヴな色彩は、スポーツカーの美しさを際立たせるに違いないと思っていた。

巨大な電飾看板の熱をはらんだチューブ管の赤色の光によって浮かび上がるポルシェ・ボクスター。そのデザインコンシャスなコクピットを、やや俯瞰で撮影した。

赤色には興奮作用を起こし、気分を高揚させる働きがある。人の体が生きるために必要なものと多く結びつく赤色は、他のどの色よりも強い刺激をもたらすと私は思う。撮影中からこの車で走りたいという感情が目覚め、私の闘争心を駆り立てた。

ボクスターはポルシェのエントリー・モデルであり、オープンスポーツの代表格として位置している。オープンの状態こそが本来の姿。そんな考え方に基づいてデザインされた車体の先端から後部までを結ぶ稜線は、エアロダイナミクスと造形美を見事に調和させている。

さらに、最新のボクスターはシャシーを一新し、アルミ複合ボディを採用した。運動性能のさらなる向上のためだ。ボクスターにとって、過剰な動力性能や実用から離れたデザインも、すべて非日常を誘うための仕掛けである。

深夜の首都高速1号線の羽田空港付近の連続するコーナーを攻める。コーナリングを中心とするクルマの運動性能のためには、ミッドシップ・エンジンが最適のレイアウトである。ステアリングを切り込むとノーズが気持ちよく向きを変え、いかにもミッドシップらしい前後バランスのよさによって、狙ったとおりのラインをたどって抜けていく。前輪の接地感は、これはと唸らせられるほど高い。その精密なハンドリングが織りなす操縦性と、軽量化の効果を実感する身のこなしは、車を思いのままに操る快びをより鮮やかに体験することを可能にした。

ポルシェがオープンエアーにこだわるのは、風とともに駆け抜ける喜びを大切にしているからだろう。そしてオープンモデルとしては比類なく高い剛性を備え、振動を瞬時に減衰させるパフォーマンスにあらためて感心する。

ボディのほぼ中央に位置するタイトなコクピットには、ドライビングに必要な機能が過不足なくレイアウトされていて、走りに集中できる。そこから眺める真夜中の首都高速は、スピードの洪水のように流れていき、都心に近づくと高層ビル群を縫うようにして進む。

水平対向6気筒自然吸気エンジンは、フラットなトルク特性により、力強くスムーズにスピードを増してゆく典型的なエンジンといえる。回せば回すほど生き生きとする。腕の技量を問わず、誰もがエンジンのよさを体験できる。さらに、水平対向エンジンは、車両の低重心化にも最適で、ボクスターの姿勢を低く抑えることができる。

乾いた排気音が、冷えた空気を震わせる。制限速度を超えるとどれだけのパフォーマンスを見せてくれるのか、期待が膨らむ。ボクスターは、遠くへ、速く移動したいという欲求を満たしてくれる快楽装置である。スポーツカーは、人間の能力を超える動体をいとも簡単に体感したいという欲望が発明・発展させたものであり、操縦する際に機械を駆使する快感を味わうことができる。

PORSCHE
S GO 1105

S GO 1105

絶え間なく 進化を続ける姿勢

PORSCHE 911 Carrera 4（991モデル）

ポルシェ・カレラ４のプロポーションをレンズ越しに見ると、美とはそれが見るものに与える快楽そのものであると思える。力感あふれるフォルムは高い次元の走りを容易に思い描け、見るものの感覚を楽しませるのだ。

長年にわたりオフィシャル・フォトグラファーとしてポルシェを撮り続けている。撮影時には、運転することを心がけている。被写体と対等な存在として、運転することによって、そのクルマのいちばん重要なものを自覚できるからだ。体験する一切のものは、写真表現の材料になりうるものであり、自分にとって「このクルマは何か」ということをつきつめないと、意味を持った自動車写真にならないのだ。

二〇一二年の秋、ポルシェ９１１カレラ４（９９１型）の国際試乗会は、オーストリアのエーレンハウゼンで開催された。外気温摂氏六度。風景の際立った特徴は無数の丘である。高みのひとつから谷に向かってワインディング・ロードを下ると、あたかも地底へ引き込まれるかのごとく風景の底へと潜行していき、上り坂では空に向かって浮上する。まさにカレラ４の試乗コースとしては最適の場所である。

撮影後、ちょっと緊張感を持ってステアリングを握る。雨上がりの濡れた路面はごく普通のペースで走る限り、４ＷＤを意識させられることはない。カレラ４に搭載される電子制御のポルシェ・トラクション・マネージメントシステム（ＰＴＭ）のパワー配分は、後輪がスリップでも起こさないかぎり、前輪への駆動配分は最小に抑え、ＲＲモデル同様の軽快なハンドリングと傑出したトラクションを味わうことができる。

アクセルペダルを深々と踏み込むと、すべての動作が刺激的だと感じる。感覚以上に速いペースで走っていることに気づいても、ポルシェの制御装置に運転の一部をまかせている安心感がある。自分がクルマを操る醍醐味を捨てきれない部分もあるが、もはやドライバーが制御しなければならないことまで、クルマが人の能力を凌駕しているのも事実だ。

もし自分が最新の911のオーナーになるとしたら、迷わず後輪駆動のマニュアルミッションを選ぶ、といいたいところだが、それは過去の話である。往年の911は、コーナーを曲がればアンダー・ステアが生じ、クルマの挙動を読めずにアクセルを離せばオーバーステアを生じた。このクルマの挙動を完全に把握して乗りこなすのは至難の業だった。筆者も古い911に乗っていた時代があったが、911の悪癖を克服するのに必死だった。しかし自分の五感を駆使して操縦する醍醐味を味わった。

現代の911の実力をフルに味わうとすれば、カレラ4にPDK（ポルシェ・ドッペルクップルング／ツインクラッチタイプのオートマチック・トランスミッション）という組み合わせ以外にないと断言できる。そうすれば、どのような路面でもスムーズな駆動バランスのうちに十分な接地性を発揮する。

雨の中でもつねに絶大な安心感の下にステアリングを握ることができるのは、ポルシェとしては夢のようだ。カレラ4は4WDの恩恵によって飛躍的にその性能を発展させ、「超絶のポルシェ」として進化し続けるだろう。

ポルシェが最初に世に送り出した4WDは、一九八七年のグループBレースのホモロゲーション・モデルとして開発された911ベースの959だった。当時のポルシェの持つ先進技術のすべてを搭載し、二八三台が生産された。その後一九八八年秋にデビューしたコードネーム964カレラ4が、ポルシェ初のフルタイム4WD量産車となった。

クルマに求められる「走る楽しさ」の実現には、その基本となる動力性能が重要である。その進化を認識するたびに必ず最新の911が無性に欲しくなる。911は一九六三年の誕生以来、変わることなく進化を続けてきた。「最新のポルシェは最良のポルシェである」。かのフェリー・ポルシェが発したこのフレーズは、こうして受け継がれていくのである。

Tradition: Future
TEMP
UPM/RPM
×1000

品川330
ひ・9 91

S GO 502 H
PORSCHE MUSEUM

PORSCHE
PORSCHE MUSEUM

フィルムのライカと空冷ポルシェの相関性

PORSCHE 911 1967

ハンドスロットルを少し引き、ステアリング左側のイグニッションを捻る。アクセルを少し煽るとフラットシックスが目覚める。2速のシンクロを舐めてギアを1速に入れ、慎重にクラッチをミートする。ナローと呼ばれた初期型の９１１にはこのようなルーティーンが要求され、いい加減な操作を許さない。

誕生した時から第一級の性能を持ち続けてきたポルシェ９１１。そのデビューは一九六三年のフランクフルト・モーターショーであった。リアエンジン・レイアウトこそ３５６から受け継いだが、ポルシェ初の水平対向６気筒エンジンを採用し、以後、スポーツカーの代名詞的存在として世界中の注目を浴びることになった。

一方、バルナック型ライカから発展したフィルム時代のM型ライカは、露出、ピント合わせなど最新のカメラならすべて自動で行ってくれることを、撮影者自らが操作しなければならない。レンジファインダー（二重像合致式）越しに被写体にピントを合わせ、シャッターを切るには慣れが必要だ。

ライカのカメラや高性能レンズは、「撮りたい」というモチベーションを押し上げてくれる希有な存在である。フィルムカメラの扱いの不便さは、趣味的観点からいえば、むしろ楽しさや満足感を大きくし、機械としての魅力は現代のデジタルカメラとは比較にならない。ライカが極めたレンジファインダー式カメラは、世界中のカメラ・メーカーがコピーをつくることすら諦めるほどの完成度であった。

空冷時代のポルシェとフィルム時代のライカ。どちらもドイツという国の精密機械だからか、傑出した天才技術者によって生み出されたからか、知れば知るほど、双方の相関性が強く感じられてならない。数多くの巨匠と呼ばれるレーシングドライバーたちがレースシーンにおいてポルシェという機械の精度の高さを証明してみせてきた。また、ライカは著名な写真家たちによって撮影された数々の作品によって伝説を生み出してきた。ポルシェもライカも機械的な制約が、それぞれの魅力を磨き続けることになった。

ポルシェは「リアエンジン・リアドライブ」という、重量が後部に集中するレイアウトをただひたすら進化させ続け、それと同様にライカも「レンジファインダー」にこだわり続けた。両社ともそれぞれの方針が時代の変化とある時には離れたりしながら、一時は世界の潮流から逸脱したようにみえた時代もあった。しかし、方針を徹底し守り続け進化させたことで、いつしか他のメーカーも到達しえない境地にまでたどり着いた。

電子制御デバイス、イメージセンサー、そんな一切の不純物を持たない、純粋な理想を追求した初期のプロダクト。ふたつの珠玉の「製品」は、すべてのパーツが精巧に、大切に、しっかりとつくられ、使用者は決められた手続きを体得し、作法に則って扱ってはじめて真価を発揮する。その結果、ポルシェは、日常においてもダイナミックなドライビングを楽しませてくれることを可能にし、ライカはフィルム独自の質感を表現することができるのである。

この写真は、ドイツ・ポルシェミュージアム所蔵の一九六七年式オリジナルコンディションの９１１である。二〇一三年にポルシェ社が、９１１シリーズ生誕五〇周年のＰＲモデルとして世界ツアーに送り出し、日本での撮影を私が担当することになった。

直径４２５㎜という大きなステアリングホイールは、いかにも六〇年代らしさを感じさせる。インストルメントパネルの配置は基本として、いまも昔も変わりない。左から燃料計、油量計、油温計、油圧計、レヴカウンター、スピードメーター、時計だ。中央に位置する大きなレヴカウンターの針は、右足を軽く踏み込むだけで一瞬にして跳ね上がり、ストンと落下するように落ちる。エンジンの回転数を反映しているという以上に、この針の動きこそが高性能であることを示しているように見える。

ライカもポルシェも、今後さらなる進化を遂げるに違いない。私はその技術を受け入れたとしても、空冷時代の９１１に憧れ、フィルム時代のライカを手離すことはないだろう。永遠に。

Sony Ericsson
VELTINS
Mobil1
11
VELTINS
S TS 2618

VELTINS
5965 FPG
E
VEL
1
ricsson

sche.com/transsyberia
SUUNTO
anssyberia 2008
Sony Ericsson
11
REMIX
Motor Magazine
J SPORTS
VELTINS
"GO BIG OR GO HOME!"
anssyberia 2008

夢を追い求め走り続けてきた

PORSCHE Cayenne S Transsyberia

モーター・スポーツの撮影に力を入れて取り組んでいた時代、自らラリーレイドに参戦することを決意した。その理由は、ラリードライバーの心理を理解しなければ、ラリーの本質を捉えた写真が撮れないと思ったからだ。

一九八六年のパリ・ダカールラリーは、私のラリーレイド二回目の挑戦だった。サハラ砂漠の軟らかい砂の上を三〇日間走り続け、高低差が三〇メートルもある砂丘群を延々と越えなければならなかった。カテゴリーは市販無改造のマラソンクラスで、私の相棒はトヨタ・ランドクルーザーＦＪ60。当時の４ＷＤは発展途上で、電子制御部分は皆無であり、駆動系の操作はドライバーの感覚だけが頼りだった。砂漠で走行中にギアチェンジやトランスファーの切り換えを行う場合、少しでもタイミングが合わなければスタックに直結してしまう。ドライバーの能力が非常に要求される時代だった。

ニジェールのテネレ砂漠を１４０㎞／ｈで巡航中にとても衝撃的な場面に遭遇した。私の後方から航空機エンジンのタービンのような凄(すさ)まじい金属音が迫ってきた。その直後、一台のラリーカーが２００㎞／ｈ前後のスピードで砂塵をあげながら追い越し、あっという間に地平線へ消えていったのだ。

それはミスコースしたあと、全速で追いかけてきたポルシェ９５９だった。私はあまりにもかけ離れた性能に、９５９の残した砂埃の中で呆然と見送ったことを憶えている。そして、いつかはポルシェのワークスカーに乗って参戦したいと思うようになった。

ラリーレイド参戦の実績を積んだ二一年後、幸運にもそのチャンスが訪れることになった。長年のラリーレイドの経験とポルシェのオフィシャル・フォトグラファーとしてカイエンの進化を確かめてきたことが評価され、二〇〇八年の「トランス・シベリア・ラリー」にチーム・ポルシェ・ジャパンとして出場することになったのだ。

トランス・シベリア・ラリーはスタート地点のモスクワから東へ、延々と広がるシベリアの湿地、荒涼としたアルタイ山脈、そしてゴビ砂漠を通過してゴール地点のモンゴルの首都ウランバートルを目指す。走行距離約８０００㎞、一五日間のステージではターマックからグラベルまでさまざまな路面状況を走破し、コースの大部分が過酷な大自然である。一日の走行距離数はおよそ３００㎞から８００㎞。モンゴルに入ってからはテント生活が続き、自然に順応できなければ完走が困難だ。ラリーレイドはまさにサバイバルゲームそのものだ。

カイエンSトランスシベリアはドイツのヴァイザッハにあるポルシェの研究開発センターで製作された。直噴式の４・８リッターV型８気筒エンジン。４０５ps／５００Nmというスペックは、市販車のカイエンを20ps凌ぐ。加速性能に影響を与えるファイナルギアの値も変更している。中核になるメカニズムは電子制御式４WDと各種の車両制御プログラムとの組み合わせである。フルタイム４WDの駆動配分を走行状況に合わせ、路面状況に応じて最適なトラクションと操舵に対する応答性を確保し、電子デバイス同士が複雑な連帯プレイをこなして操縦安定性を最大限に高めている。

その結果、シャシーは驚くほどフラットな姿勢に終始して、コーナリングのあらゆる瞬間で安定性をキープし、パワーを活かして踏んでいけるシャシーとなった。運転していてもまったく違和感を感じさせないところがポルシェの電子デバイスの凄いところで、悪路でも不安なくコーナーに巨体を放つことができる。

長年のラリー経験が功を奏したのか、結果は総合10位となった。大きなトラブルやアクシデントによってクルマのコンディションを損なわなかったことが、完走につながった。

ラリーレイドで過酷な大自然に立ち向かうには、何よりもドライバーの技量と経験が要求される。しかし、カイエンSトランスシベリアにはそんな常識は当てはまらないかもしれない。カイエンSトランスシベリアが備える電子制御システムは、時間とちょとした勇気があれば、誰でもラリーレイドという冒険の扉を開くことができるのだ。そう言い切れるほどカイエンSトランスシベリアのポテンシャルは高い。だからこそポルシェが製作したラリーカーでラリーレイドに参加できるという奇跡的な夢の実現を果たし、それなりの成績を収めることもできたのだ。

S GO 5037

PORSCHE

D
S GO 5037

公道をゆく もっともレーシングカーに近いポルシェ

PORSCH 911 GT3

ポルシェの本社があるシュツットガルトを州都とするバーデン・ヴュルテンブルク州は、ドイツの西南部にあたるが、そのフランスとの国境を接する地帯に「黒い森」はある。広さは南北一七〇km、東西七〇kmにわたる深い森である。その名は、背の高い、モミなどの針葉樹の森が続き、うっそうとしげった樹木が太陽をさえぎり、昼なお暗い森であることからそう呼ばれている。ポルシェGT3のテストドライブと撮影はこの場所で行われた。

黒い森に佇むGT3は、今にも走りだしそうな躍動感に満ちている。極めて挑発的と言うべきだろうか。フロント・スクリーン越しに映るのは、黒い森の背景にそびえ立つ霞がかった青い山々。その麓へと続く樹々で覆われた暗いトンネルを抜け、ストレートでは力強くアクセルを踏み、森を縫うように幾重にも連なるワインディング・ロードを駆け抜ける。日本の道路のように、小さな道があちこちから小刻みに突き刺さってくることもなく、道の表情に感覚を研ぎ澄ませ、次に開ける景色を思い描く。まさに黒い森はGT3の性能を実感できる格好の舞台である。

GT3のステアリングを握ると、どこまでがロードゴーイングカーで、どこからがレーシングカーなのか、その境目が不明瞭に思えてくる。このスーパー・スポーツカーは、贅沢(ぜいたく)のひと言に尽きる。GT3はカレラより車高は低く、車幅は広がり、直線的なラインで大型化されたメッシュ張りのインテーク、力強いリアセクションの造形、大きなホイールハウジング、リアスポイラー、そしてワイドタイヤ。バイキセノンヘッドライトのデザインは、ポルシェ歴代のレーシングカーを想起させ、チタニウムカラー仕上げが施された鍛造ホイールのセンターロックシステムは、GT3がモータースポーツのためのモデルであることを示している。どのパーツも極限領域で駆るために必要不可欠なものである。

ＧＴ３は、現行９１１Ｓの最高出力４７５ＰＳを発生する排気量３・８リッターの水平対向６気筒エンジンをベースにしているとはいえ、共有するパーツはほとんどない。軽量ボディをベースにアルミニウムとスティールを組み合わせた混合構造により、剛性に優れたしなやかなボディに仕立てている。迫力のフラット６サウンドとともに得られる加速は官能的で、アクセルペダルのわずかな動きにも瞬時に反応する。６０００ｒｐｍからレヴリミットにかけてエンジンの回転数が高まるにつれパワーがあふれ出てくるような感覚。エンジンは一気に突き抜けるように回る。かつての９１１のようなアンダーステアも皆無。ふわりとノーズが浮かび上がることもない。運転のしやすさを高いレベルに引き上げながらも、生粋のドライビングマシンを運転しているという実感がある。これまで運転したどの９１１よりもこのＧＴ３は遙か上のレベルにある。

後方にエンジンを搭載して、後方から駆動する。初代から現行モデルに至るまで、基本設計を変更することなく進化を続けてきた水平対向６気筒エンジン。一方で９１１はボディ剛性を高め、サスペンションを磨き上げ、空力特性を高め、このＧＴ３では４輪操舵システムを導入し、これまでのポルシェとはまったくちがう次元に達している。それは五〇年以上もポルシェが徹底してスポーツカーづくりに取り組んできた証でもある。

ポルシェは日常利便性に長け、サーキットもそのまま走れるように磨き上げ、ひとつのモデルで多彩な楽しみが得られる理想のスポーカーをつくり出した。それはＧＴ３をおいて他にはないと断言できるだろう。ＧＴ３ほどレーシングカーに近いモデルはなく、そのオーナーのうち約八割がサーキットに持ち込むという統計値も腑に落ちる。

理想像とは、そのほとんどが空想にすぎない。しかし、ポルシェは唯一、理想を満たすことを可能にさせるスポーツメーカーであり、それを規範としてきた。どんな時代になっても、スポーツカーの理想像はポルシェ９１１というぐらい、その走りは洗練され、あらゆるスポーツカーの指標となっているのだ。

Circuit
RICARDO TORMO
DE LA COMUNITAT VALENCIANA
Club de Socios
GENERALITAT VALENCIANA
circuitvalencia
16
16
EXTINTOR
15
15

GENERALITAT
VALENCIANA
circuitvalencia.com
17
17
S GO 9182

PORSCHE
S GO 9182

MICHELIN

MARTINI
23
MARTINI
S GO 9183

3
S GO 9184

ポルシェのプライドにかけて

PORSCHE 918 Spyder

サーキットをEV走行するポルシェ918スパイダーの無音の姿は異次元感覚だ。加速するとV8エンジンが連動し、共鳴する。そのステアリングを握っているのは、かつてのラリー世界王者でポルシェのテスターとして深い関わりを持つヴァルター・ロールだ。ポルシェのエンジニア以外で、918スパイダーを最初にドライブするひとりである。

陽光の中バレンシア・サーキットのピットで撮影した918スパイダーは、往年の耐久レースで活躍したポルシェ917を想起させる優美な曲線を描き出していた。走る本能に裏打ちされたエンジニアリングと、空気力学を突きつめたデザインとの麗しい融合が、見るものを圧倒する。この独自の存在感こそ、ポルシェに求められるものなのだ。

いつの時代でも、ポルシェは世界最高の運動性能を誇るスポーツカーを世に送り出してきた。918スパイダーは、「904カレラGTS」から始まり「959」、「カレラGT」に至る過去の象徴的なモデルの後継であり、未来へ繋(つな)がるハイブリッドテクノロジーの粋を集めたスーパースポーツである。

レンズ越しに見る918スパイダーは、美しいプロポーションが強調されるだけではなく、アートと科学が織りなす強烈なオーラを放っている。低いフロントフードから高い位置にヘッドライトを配し、それに続く隆起するフロントフェンダー、あたかもエアインテークのようにも見えるBピラーの造形に、往年のレーシングカーのDNAを強く意識させられる。

918スパイダーは、V8エンジンに二個のモーターを組み合わせるPHVシステム（プラグイン・ハイブリッド）を採用。それぞれのモーターの最大出力は、フロントが130ps、リアが156ps。エンジンとモーターを組み合わせたトータルの出力は、887psとなる。カーボン製のモノコックにミッドシップ・マウントされた、レース生まれの４・６リッターエンジンと、フロントおよびリアを駆動する電気モーターの組み合わせは、ポルシェ史上もっともパワフルなモデルとなり、この世でもっとも速いスポーツカーをつくりあげた。

撮影後、特別にハンドルを握ることを許された。私の前を９１１ターボで走るテストドライバーから、「抜くな」と指示を受けたが、その理由がいまひとつわからなかった。ところがそんなことを思ったのも最初の一周だけだった。二周目に突入したストレートで２４０km／hを超えるスピードで９１１ターボのテールに迫っていたのだ。その忠告は正しかった。

世界中の自動車メーカーは技術革新の荒波にもまれている。内燃機関の世界からハイブリッド車、電気自動車の世界へと変わりつつある。地球温暖化と化石燃料の枯渇、その問題をいかに解決するのか。その糸口をいちはやく提案したのは日本の自動車メーカーであったが、正直言って日本車の中には魅力的に思えるクルマは見つからない。

ポルシェは他のスポーツカー・メーカーに先駆けて９１８スパイダーにハイブリッドを採用した。スーパー・スポーツとしてのパフォーマンスと社会的責任という相反する命題に対する答えであり、ポルシェの知恵と創造性の結晶ともいうべきものである。ポルシェは自らの力で高効率のプラグイン・ハイブリッド技術をものにし、それを組み込んだスーパースポーツをつくり出した。このテクノロジーはポルシェの量販モデルにどのように反映されるのだろう。

サーキットをEモードで走行する９１８スパイダーは、静寂と躍動感が共存するが、V８エンジンが連動することによりレーシングカーのごとき激情へと転調する。普通に走らせるだけでも刺激的なのだが、フルタイム４駆のおかげにより、フロント・モーターが発生するトルクが調整されることによってアンダー・ステアやオーバー・ステアをコントロールする。９１８スパイダーは想像していた以上に自然なドライビングができるモデルだ。テクノロジー満載のクルマであるからこそ、直感的なドライブを目指した。これはポルシェが目指した目標のひとつでもある。９１８スパイダーは間違いなく現代のスーパー・スポーツの頂点に立つ一台である。

Targa
GTS

ORSCHE
911 Targa 4GTS
S GO 4104

品川334
す・9 91

PORSCHE
911 Carrera 4 GTS
品川334
す・991

NO PARKING
2:00 A.M.
TO
6:00 A.M.
PORSCHE

私的ポルシェ911論
PORSCHE 911

子供の頃から憧れていたポルシェ911。水平対向6気筒エンジンをリアに搭載した、2ドアクーペという普遍的なレイアウト、ひと目見ただけでポルシェとわかる特徴的なそのフォルム、そのコンセプトは、一九六三年の誕生以来、七代目へと進化を果たしても変わることはない。

911は、クルマ好きなら誰しもが一度は乗ってみたいと思い、現実的にもそれが可能な、最高のスポーツカーである。911が走りだすと、ドライバーは一挙手一投足に神経を研ぎ澄ます。鋭く吹けあがる水平対向6気筒エンジンによる路面を蹴り上げるような加速。そして、惚(ほ)れ惚れする制動力とコントロール性能を備えたブレーキ。911の魅力は、ドライバー自らの意思で、限界走行に挑戦できることにある。

空冷時代の911は、つねに荷重の移動を意識し慎重に操る必要があった。ドライバーは五感をフルに動員し、911の過激なパフォーマンスを支配しなければならない。911は理性が試されるクルマだったのである。

しかし、現代の水冷911は、駆動システムとともにシャシーとサスペンションにも電子制御コントロールを採用、もはや人間の運転能力を911が凌駕しているといっても過言ではない。

そして、エンジニアが試行錯誤する中で、911の性能はさらなる進化を遂げてゆく。つねに進化の手を緩めないという独自の道を確立している。

911の素晴らしさは、卓越した速さに身をおくことによって、日常と非日常を一台で楽しめることだ。その舞台が一般道でもサーキットでもいい。一度でも911を操りはじめたら最後、決して以前の自分には戻れなくなるだろう。

なぜ、五〇年以上の時を経たいまでも、911はドライバーから崇(あが)められるのだろう。個性を失うことなく進化する９１１は、高性能なプロダクトといったレベルではなく、「９１１らしさ」という思想そのものを体現しているのではないか。

「らしさ」というのは、メーカーが考えカスタマーに押しつけるものではない。カスタマーが９１１と暮らし、使うことで生み出された結果なのだ。９１１にはいつの時代にも寄り添ってくれるカスタマーがいる。ポルシェの魅力の本質を理解してくれる人々だ。そして、９１１のカスタマーたちは９１１に乗ることを許された者であるかどうかを自らに問う。９１１に乗っている自分を客観視した時に、自分は本当に９１１には相応(ふさわ)しいのかと考える時があるはずだ。

そんなことを考えさせるクルマが他にあるだろうか。彼らは、９１１に生き方そのものを投影しているように見えるのだ。

この先も、９１１は高性能なスポーツカーであり続けることに変わりはない。リアエンジンのレイアウトとクーペスタイルという呪文からも解き放たれることもないだろう。一九七〇年代後半、９１１にとっては不遇の時代もあったが、原点を忘れずに進化を遂げた結果、９１１の最大の魅力であるリアエンジンならではの強大なトラクション性能を際立たせた。それは頑なにポルシェとしての姿勢を守ってきた自信に裏付けられているのである。また、その本質を分かち合うカスタマーがどの時代にも存在し、妥協を許さない視線を送っていたことも事実である。

過去に四台の９１１を乗り継いできた。すべて空冷エンジンのポルシェである。９１１に乗るために仕事にも打ち込んだ。ポルシェを操ることに陶酔し、その時間には、子供の頃に味わった屈託のない幸福を感じることができた。都会生まれの私は、街中を走る９１１を見て育った。高性能なスポーツカーに憧れを抱いたのと同時に、９１１を駆る大人の自分という夢を抱いた。どちらかといえば、夢の中心は後者だったのかもしれない。自分が運転している９１１が街中を疾走する姿を。

私が撮影する９１１のイメージは、子供の頃に街角で眺めていたあのポルシェだ。９１１に対する慈愛は、どんどん膨(ふく)らむばかりだ。

LAND ROVER
BX55 TSY

氷とオーロラの神秘の国を探訪する冒険ドライブ

LAND ROVER DISCOVERY 4

第三世代のランドローバー・ディスカバリーをはじめて撮影したのは、真冬のアイスランドだった。荒涼とした原野は、どこか別の惑星にでも来たかのような感覚を覚えた。アイスランドは国土の一〇パーセントが氷河に覆われ、自然が織りなす神秘的な景色は、地球上でもっとも美しい土地のひとつといわれている。

けっして日本で味わうことのできない銀世界のドライブは、まさに冒険という旅になった。首都レイキャヴィークからアイスランドを周回する国道1号線を走るのだが、道中にあるのは雪と氷だけの世界。そして、台風並みの強風と地吹雪が頻繁に吹き荒れる。車窓から見えるその景色は、なんとも幻想的だ。

二月、アイスランドのレイキャヴィークという小さな街で、ディスカバリーの国際試乗会は開かれた。真冬の間は太陽が地平線上に顔を出すのは一日のうちわずか数時間。明るいうちに目的地まで走り着かなければばならない。マイナス二〇度の気温の中、走りだせば、いきなり深い積雪と氷と吹雪に遭遇する。四〇度の傾斜を登り、水深六〇センチの氷が張りつめた川を渡る。ディスカバリーは過酷な環境に挑戦するためのクルマである。二・五トンを超える重量と安定感。深いサスペンション・ストロークがもたらすクルーザーのような悠々とした路面の「いなし」。

この荒涼とした地を走破するためのテクノロジーが、「テレインス・レスポンス」という駆動システムである。センターデフやトラクション制御、ATのシフトプログラムや地上高などを、あらゆる路面を走破するのに最適な組み合わせに調整するというもの。荒れ地も頼もしく踏破できる。しかし、路面状況を判断するのはドライバーに要求されるスキルであり、ディスカバリーの高度な運転支援システムを使いこなすのもドライバー次第ということになる。ドライビング・スキルを身につけ、過酷な地形に挑戦する精神こそがランドローバー乗りの条件といえるだろう。そうはいってもアイスランドの荒れ地を走破できたのは、ディスカバリーのおかげであることは間違いない。

よほど間違った判断をしない限りは、快適な車内にいながら冒険を満喫することができる。静寂な生活環境を持つこと、そして守られていること。クルマが生活に必要不可欠なフィールドでは、ディスカバリーのそんなスタンスが際立って見える。

クルマで特別な場所に行き、目的地で特別な時間を楽しむ。このクルマがあればどんな状況でもそれらの時間と安心を確保することが可能になる。冬のアイスランドでは本格的な悪路走行ができるＳＵＶが必須であり、その秘密兵器がディスカバリーなのである。その重厚で堅牢な構造からは想像もできない正確で快適なハンドリングと共に、ＳＵＶとしての洗練度がここに極まっている印象を強く受ける。

夜空に舞うオーロラが数十分にわたり揺らめいていた。神秘の国を探訪する冒険ドライブを終えるのに最高のプレゼントになった。

時代がどんなに変わっても、ランドローバー社はオフロード性能を軽んじないクルマづくりに邁進してきた。変えるべきものと変わってはいけないものがある。それこそが、「ＢＭＷ」、「フォード」、「タタ」と親会社が変わってもランドローバー社のクルマづくりが孤高を貫く理由である。

ディスカバリーは、一九八九年のデビュー以来、オフロード走行を熟知したランドローバー社の技術力だけではなく、洗練されたデザインが世界中で大きな支持を集めた。直線的でシンプルなデザインのディスカバリーをひと言で表現するなら「機能美」に尽きるだろう。安全に快適にクルマを操れるように。そんな思いを具現化したのがディスカバリーのデザインである。

多分、我々の生活では、ディスカバリーの性能をフルに発揮させるシーンはそうそうないはずだ。しかし、クルマがその懐の深さを備えていることの意味はあまりにも大きい。私がディスカバリーを愛おしく感じるのは、街にいる時でさえ、自然への想いや冒険心を感じさせてくれることだ。自然が時に見せる過酷な状況にも、悠々と楽しめる贅沢な余裕。どのような条件下であっても、ディスカバリーは限りなく優雅に見える。

RANGE ROVER
品川302
た 67-73

レンジローバーは私の心象風景そのもの

RANGE ROVER VOGUE

見事なまでの進化を遂げた、新型のレンジローバー（以下レンジ）のパフォーマンスは素晴らしい。静粛とスムーズ、しなやかな走り心地と余裕ある動力性能に感心させられた。歴代のレンジは高級車としての快適性を備え、悠然とした乗り心地と居住性でドライバーを包んでくれた。それを思えば、以前のレンジに備わっていた「癒し」が新型では影が薄くなったような気もする。

レンジは機械としての性能の優劣だけで評価することはできない。ベントレーのような見た目の豪華さやパフォーマンスは、レンジから得られる癒しとは違うものである。レンジの根幹というべきものは、もちろん傑出したオフロードでの走破性能である。レンジのクルマづくりは一度もそれを見失わなかった。オフローダー車にしては高級だ、というのにすぎなかった以前のレンジとは違い、四代目は背の高い高級サルーンへと変貌を遂げ、旧きよき過去と未来を見事にひとつのコンセプトでつなぎ上げた。ただ、世界で唯一レンジだけが持っていた「癒し」、それを感じるかどうかは乗り手の考え方次第である。

レンジを欲しいと思ったことがなかったのに、予期せぬ出会いから、私はレンジの魅力に引き込まれてしまった。その自虐的ともいえる魅力を、サハラ砂漠縦断の旅で知ることになったのだ。

一九七九年のクリスマス、私の乗るホンダ・アコードはパリのヴァンドーム広場を出発した。五日後にはアフリカの大地に上陸、サハラ砂漠へと南下していった。

それまでは順調なドライブだった。サハラに足を踏み入れた瞬間に、黄色い砂と真っ青な空。そしてギラつく太陽の洗礼を受けた。私にとって砂漠の印象とは、砂丘を彩る風紋の美しさではなかった。クルマを走らせた後の砂埃と、汗のベタついた気持ち悪さであり、のどの渇き、そして、灼熱の世界が見せる不気味さだった。

サハラに入ってから、私の運転するクルマは数キロごとにスタックした。足回りをラリー仕様に改造した程度のクルマでは、サハラの軟らかい砂を走破することは困難なのだ。スタックしたくないからアクセルを踏んでしまう。タイヤが砂を掻く、この繰り返しでクラッチを壊してしまった。砂漠の真ん中で立ち往生してしまったのだ。

立ち往生している私の前をたまたま通りかかったのがレンジだった。そのレンジのオーナーは、初老のイタリア人医師で、娘ほど歳の離れたガールフレンドを隣に乗せていた。相手はバカンス気分、こっちは砂まみれの姿。天国と地獄を見るようだった。

困り果てた私を見て、イタリア人医師は二〇〇キロ離れた先の村までレンジで牽引してあげようと言ってくれた。いくら四駆でもサハラの軟らかい砂のうえを牽引できるはずがないと思った。しかし、藁にも縋る思いだ。私は必死にステアリングを握り、レンジのテールだけを見ながら引っ張られていった。レンジの能力については聞いてはいたが、図らずもその真価をまざまざと見せつけられた。レンジは一度もスタックせずに、二〇〇キロ先の村まで私のクルマを牽引した。イタリア人医師のドライビングテクニックもさすがだったが。

それから長い時間が過ぎ、私はいまレンジを日常の足として使っている。もちろん撮影に出かける時も一緒だ。最初にレンジのオーナーになってから、八台のレンジを乗り継いだ。

クルマの評価は、単に機械性能としての優劣では決められない。スタイリングや世界観に埋没しても何も見えてこない。時の流れという要素を付け加えた解析が必要になる。そうしなければ、真価が浮かび上がってこないと思うのだ。

レンジの車室内にいるだけで、日常の生活から完全に隔絶された時間を過ごすことができる。

私がクルマを撮影する時、ファインダーを覗きながらクルマの持つイメージを考えることはない。ほとんどの撮影イメージは、その前にレンジの車室内で決定される。

レンジは私の心象風景そのものだ。レンジとの生活は、まだまだ続きそうだ。

P
PARK-IN
BROOKS
BROTHERS

LAND ROVER
chic!

よいデザインのプロダクトが使う人にもたらす喜び

RANGE ROVER EVOQUE

プロダクトデザインの中で、クルマに求める視線ほど厳しいものはないと思う。視覚に訴える美しさや、使いやすさ、安全性などを、工業製品として高次元なレベルで具現化できなければ魅力的なクルマとは認められない。現代のクルマにおけるデザインという概念は多義的で、目に見える具体的な造形を指すというだけではなく、生活様式、思考様式といった生活諸側面なども含む日常のデザインであるといえる。レンジローバー・イヴォークはこうしたデザインコンセプトを見事に具現化させている。

ファインダー越しにさまざまなアングルからイヴォークを見ると、その秀逸なデザインに改めて驚嘆する。イヴォークはデザイナーの審美眼に忠実につくられた印象が強い。全高を抑えたクーペ風のデザインはスポーティなイメージを強め、レンジローバー史上、最小、最軽量となる。イヴォークの造形美は、シルエットのみならず細部にわたり個性的な目くばりがされていて、未知の領域を拓いたこのクルマらしい、他のクルマにはないデザインであると感じる。

レンジローバー・イヴォークは、二〇〇八年のデトロイト・モーターショーに出展されたコンセプトカー〈ＬＲＸ〉に由来する。ランドローバーのエンジニアたちによって、コンセプトカーの各コンポーネントをミリ単位の精度で市販車のパッケージングに成功することで、イヴォークはコンセプトカーほぼそのままのデザインを量産することに成功した。眼光鋭いヘッドランプに、後ろにいくにしたがって跳ね上がる、前傾姿勢を思わせるウェッジシェイプを強調したデザインは、これまでのランドローバーのクルマとは明確に異なるものだ。頑丈でいかついイメージのある四輪駆動車で、これほど斬新な姿はこれまでになかったのではないか。

消費者の価値観が経済的成長志向から精神的充実志向へと移行していく中、暮らしに関わる物事を総合的に設計し、生き方までもデザインするという意識が、モノとしてのクルマから、生き方を楽しむクルマへとシフトする流れを生んだ。いまや、クルマのブランド名を聞いただけで購買を促すというようなこれまでの単純なブランド化は衰退し、どう自社の得意技を見極め、真似のできないオンリーワン製品にするか、独自の価値を提供するかが重要となった。イヴォークは、その答えを見いだしたのだろう。

クルマが憧れの対象になりにくくなった今、コンセプトづくりも多様化が進んでいる。イヴォークは、デザインやモノに対する潜在意識に着目している。刺激的にデザインされたこのいちばん小さいレンジローバーは、スタイリッシュなクルマを求める層を惹きつけてやまない。

いくらイヴォークの斬新なスタイリングが都会に似合うとしても、レンジローバーの名前がついているからには、大自然を走破するイヴォークの姿も想像したくなる。以前、イヴォークで真冬のアイスランドの原野をドライブしたことがあるが、オフローダーとしての実力は超一流であり、レンジローバーというブランドに相応しい性能の持ち主であることを再認識した。イヴォークの、後ろにゆくほど上下幅が薄くなるサイドウィンドウ越しに見た過酷で美しいアイスランドの風景は、安全を確保してくれた空間からこその眺めだった。

イヴォークは見た目の印象どおり、操縦性も軽快感が強い。よいデザインのプロダクトが、使う人にもたらす喜びは大きい。イヴォークのステアリングを握りながら、カーデザインの本来の価値というものへの理解を深めることができたような気がした。

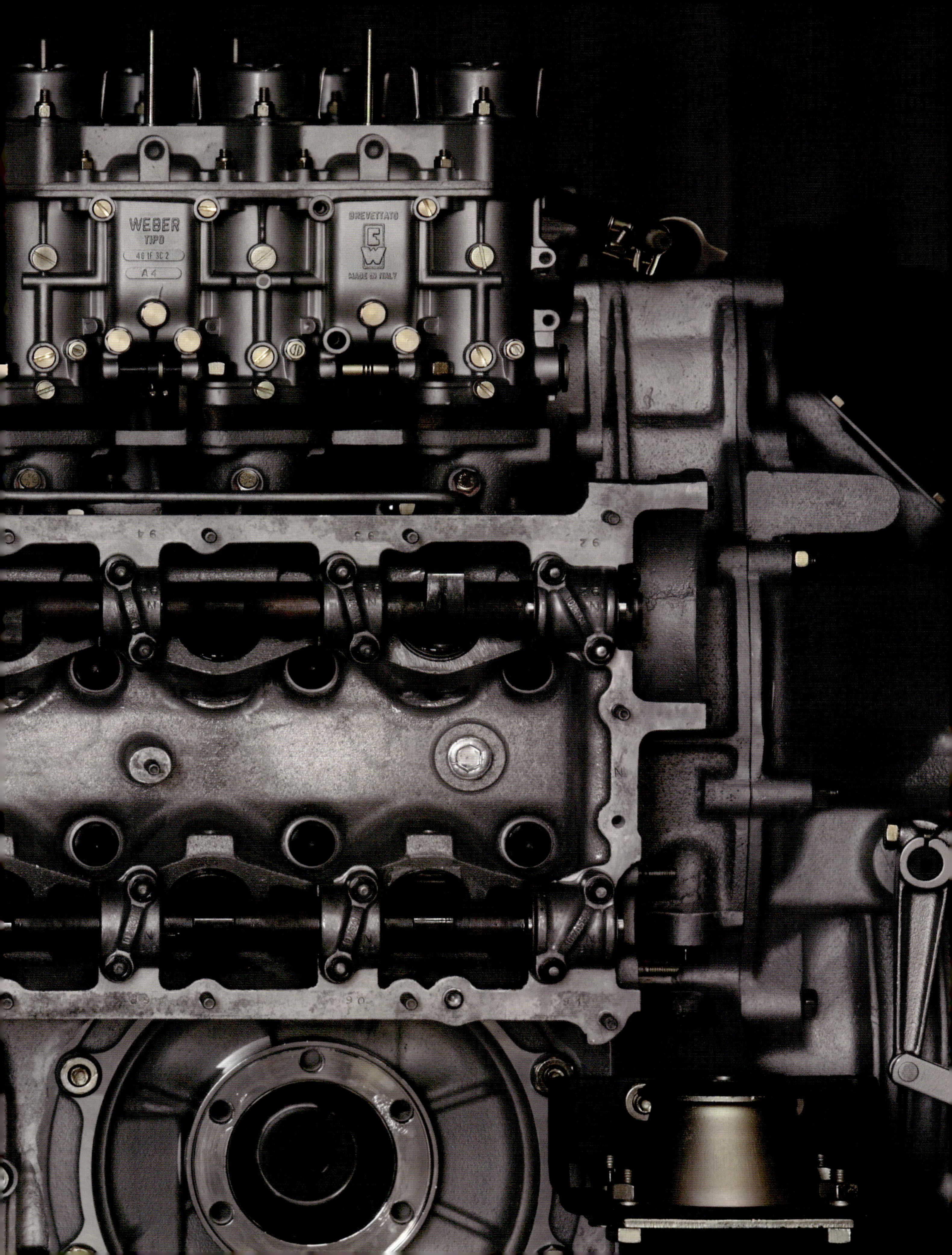
WEBER
TIPO
40 IF 3C 2
A 4
BREVETTATO
MADE IN ITALY

WEBER
TIPO
40 IF 3C 1
A 4

Ferrari

異常ともいえるフェラーリ12気筒エンジンのこだわり

Ferrari 365GT4/BB

もっとも優れたスポーツカーと讃え称されるクルマをつくり続けたエンツォ・フェラーリ。持てる技術と情熱を余すことなく注ぎ込み、渾身の力を込めてつくり上げたV型12気筒エンジンこそが、フェラーリの独創性の基となっている。

往年のフェラーリのフラッグシップとして君臨していたのはフロントエンジン後輪駆動方式の365GTB4／デイトナであったが、一九七三年に技術の粋を集めた高性能な12気筒をミッドシップに搭載した、365GT4／ベルリネッタ・ボクサーを送り出した。

七〇年代のスポーツカー（スーパーカー）は、いまも特別な輝きを放っている。代表的な存在といえば、このフェラーリ初のミッドシップ12気筒モデル、365GT4／BBであることに異論を唱える人はいないだろう。ボディ・デザインはイタリアの名門カロッツェリア、ピニンファリーナが手がけ、それまでのフロントエンジン車の造形とはまったく異なる未来的なデザインを生み出した。

フェラーリの本質的な魅力はエンジンにこそ宿っている、と私は思っている。空気を切り裂くようなボディの鮮やかな輪郭をなす造形も、その高性能なエンジンが納まっていなければ生まれなかった。

スポーツカーの魅力、それは動力性能に尽きる。通常のクルマとくらべ、車重あたりの出力がはるかに大きい高性能エンジンを搭載し、そのためエンジンは高回転まで回り、快楽的な加速が味わえることになる。

被写体となったのは、フェラーリの歴史に残るその貴重な12気筒エンジンである。その骨格の中に幾何学的な構成美が讃えられ、黒光りする鉄の肌、唸りをあげて回転するエンジンのダイナミズムが伝わってくる。

スタジオに持ち込まれたクランクケース、クランクシャフト、ピストン、ヘッド、キャブレターなど、エンジンを構成しているそれぞれの部品の美しさに目が引き込まれていく。まるで美を表現するためのオブジェとしてつくられた作品のようだ。外見だけではわからない見るものを圧倒するフェラーリの美がそこにある。ひとつひとつが精緻に組み込まれている。金属の光沢やマシンのノイズやパワーが生み出す恍惚感、もはやその機械美は芸術品に等しい。

12気筒エンジンのこだわりは、フェラーリの理念として、車体の洗練以上にまず強力なエンジンを求めていたことから生まれた。このエンジンの中身にこそフェラーリの「美」が潜んでいる。

エンツォ・フェラーリは、テクノロジーが生み出すエネルギーのダイナミズムこそがこの世でもっとも美しく、芸術の対象であると賛美し、未来への道を開くことを示そうとしたのではないだろうか。

写真の世界では産業革命の時代から、機械を美的対象、あるいは一種のメタファー（隠喩）として眺める見方が浸透していた。機械の構成の美しさは、シャープなピントで細部まできっちりと描写する「近代写真」の被写体として最適だった。

写真家のまなざしが機械の美をつまびらかにし、機械によって生み出された工業製品にも、美を発見するという感性が醸成されていった。カメラとレンズによってもたらされる視覚世界は、人間の眼によるものとは似て非なるものであり、デジタル時代の今日においても変わりはない。

それにひきかえ、フェラーリといえども、エンジンのメカニズムはいまやほとんどブラックボックス化し、機械の美を描写するのが不可能なのは残念である。

エンジンには文化論も潜んでいる。異常ともいえるフェラーリの「高級性」の概念の重大な一要素をエンジンは担っていると思う。

Ferrari
Ferrari

California
LAUNCH
R
AUTO

California
DISP
MODE
CRUISE
ENGINE
START

Ferrari

その魅力を人々に気づいてもらうこと

Ferrari California 30 Giappone

フェラーリはなぜ、これほどまでに人々の心を魅了するのか。

流麗なラインを際立たせる造形美。驚異的なスピード領域へ誘うエンジンの力強さ。

フェラーリは創設当初からＦ１に参戦し続けている自動車メーカーでもある。Ｆ１で輝かしい結果を出すことによる技術革新が高性能なスポーツカーをつくり出す源となる。それこそがフェラーリの神髄といってもいいだろう。

伝統や思想が強く反映されたスポーツカーは、時の流れを超えた普遍性を持ち続ける。フェラーリは彫刻の国、イタリアが生んだ文化である。

「フェラーリ・カリフォルニア30ジャポーネ」は、日本向けに仕立てられた特別なモデルである。そのスタイリングは、ピニンファリーナとフェラーリのデザイン・センターとの共作によるもの。ボンネット中央に位置するグリルとエアインテークやボディ・サイドの通気孔は、一九五七年デビューの２５０ＧＴカリフォルニア・スパイダーからの引用であり、争う余地なくフェラーリのオリジナルデザインであることが理解できる。真横から眺めると、画家がキャンバスに描いたような美しい曲線と直線が邂逅する。滑らかな三次元フォルムは、その丸みと切り立った断面に破綻はなく、三六〇度いかなる角度でも、麗しく、しかも異なった表情を見せる。躍動感のあるボディの造形美。それは女性的な優雅さ、華やかさ、戯れの感情を予感させる。

フェラーリ・カリフォルニア30ジャポーネは、形の持つ美しさに加え、日本の国旗をモチーフにした伝統色である紅色のインテリアと、神聖さを想起させる白色の車体のコンビネーションで仕立てている。

真紅のキャビンへと乗り込めば、フェラーリの職人がセレクトした上質なレザーシートやダッシュボードに包まれ、つねに華美で贅沢な日常を感じることになる。アクセルを踏み込んだ時、座席のすぐ近く、フロントミッドに積まれたV8エンジンの鼓動は、えも言われぬ甲高い音色となり、高揚感を引き出してくれる。エアロダイナミクスを追求したフェラーリ・カリフォルニアは、新世代フェラーリデザインの典型といっていいだろう。

フェラーリ・カリフォルニアの「美の中心」にレンズを向けてみる。撮影前からその視線以外に考えられなかった。自動車写真の意義は、クルマが持つ魅力を切りとり、それを目にする人々に気付いてもらうことにある。撮影者が独自の視線を持っていなければ、クルマの持つ意味を写真化することは困難だ。このクルマから引き出せる享楽とは何か。ボリューム感を抑えたエレガントなリアスタイルを真後ろ斜め俯瞰から味わってみた。そこには、乗り手とクルマが一体になれる官能的な世界が待ち受けていた。その視線、視点が造形美をも見つけ出すことになる。これを表現することこそが自動車写真の魅力である。

この撮影を口実に数日間、フェラーリ・カリフォルニアと生活を共にしてみたが、フェラーリはきっと、ポルシェ911カブリオレのようなクルマに仕立てたかったのかもしれない。いつどこへ行くにも使える実用性を持つフェラーリ。たしかにそれもフェラーリの新しい美点になるのかもしれないが、それはポルシェに任せておけばいいことだと思う。実用性など眼中にない潔さこそが、フェラーリのフェラーリたる所以(ゆえん)だろう。

フェラーリのクルマづくりは歴史の中で光り続け、後世にその意思を受け継ぐべきものである。V8自然吸気エンジンのフェラーリが消えつつあるいま、スポーツドライビングを心から楽しめるフェラーリであり続けてほしいと思う。たとえ新世代フェラーリがマーケティング優先の考えから生まれたとしても、当然それなりに優れているだろう。しかし商業的に成功しても、その名は時とともに忘れ去られるかもしれない。

都心を流れるようにリラックスしてこのクルマを運転している時、そんな思いが浮かんできた。

TEMP ACQUA
22957
DINAMO

50
40
30
20
60 80 100

71346
B6

ALFA-ROMEO
MILANO

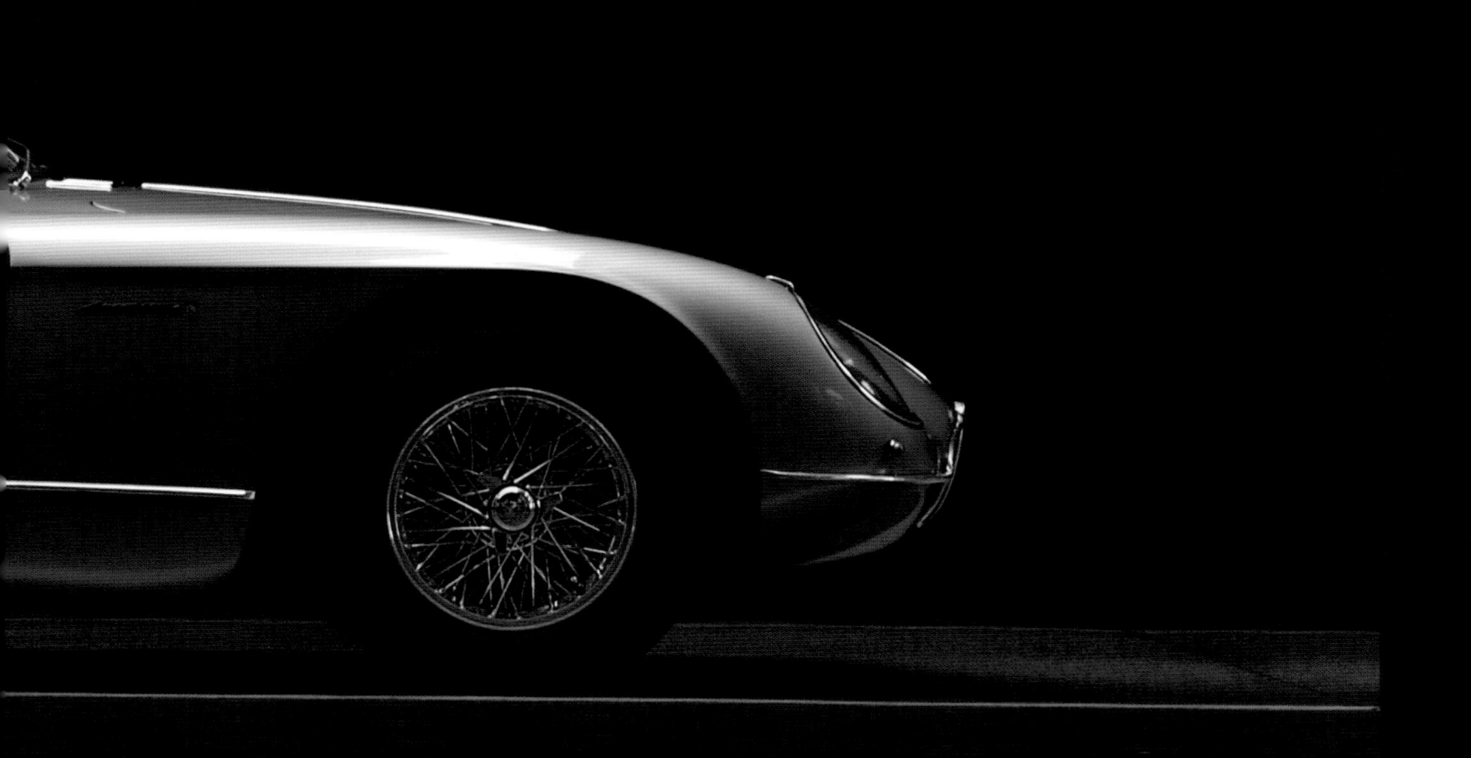

美術品のように整えられた美しい横顔

Alfa Romeo 2000 Sportiva Coupe 1954

クルマの撮影を行う場合、まず最初に真横からクルマを眺め、全体のフォルム、曲線、面の構成を確認する。さらにメカニズムのレイアウトと乗員の着座位置により、そのクルマの用途を知ることができる。私にとって、クルマの「美の神髄」は、真横からのショット、車の横顔の中に存在する。

カー・デザイナーがイメージスケッチを描く場合も、まずは真横から見たタイヤの位置と車体の全高を決め、フォルムを決定する。クルマはとても複雑な造形をしているので、遠近法を理解していなければ三次元の造形を二次元の平面に描くことは不可能だ。クルマは写真もデザインも、まず横顔から描くことがセオリーになる。

世界でもっとも美しい横顔を持つクルマは？　と尋ねられたら、迷わず私はアルファ・ロメオ2000スポルティーヴァ、と答えるだろう。理想的なスポーツクーペ・スタイルであるロングノーズ・ショートデッキ、エレガントな雰囲気を漂わせる滑らかな曲線と直線の構成、低く丸いルーフと前後のウィンドウの絶妙な傾斜角との融和。車体の先端から最後尾までデザイン的な魅力が散りばめられているのである。

わずか四台が試作されただけで終ったスポルティーヴァ。エアロダイナミクスに優れた車体は、一九五四年のクルマとは思えない。クルマのデザインは技術の進歩とともに変化するが、美しさを永遠のものにしているのがこのスポルティーヴァである。

幸運なことにきわめて希少なこのクルマの撮影を、二度も手がけるチャンスに恵まれた。スポーツカーはその性能とデザインが調和してこそ瞭然たるもの。この意欲的な高性能車に搭載されたアルファ・ロメオのツインカムエンジンで駆る悦びはどのようなものになったのだろうか。プロトタイプだけで終ってしまったことはとても惜しまれる。

スポルティーヴァのデザインを手がけたのは、一九五二年から一九五九年までカロッツェリア・ベルトーネに在籍して主任デザイナーを務めたフランコ・スカリオーネである。航空機学を学んだスカリオーネは、航空力学をクルマのデザインに取り入れ、空気の流れを感じさせる流麗なスタイリングを生み出した。それらの作品は、後に風洞実験室で検証されると、現代のレーシングカーでも通用する驚くべき数値をたたき出し、スカリオーネの経験と審美眼の高さが認められた。

一九六〇年に独立して自身のスタジオを設立し、ランボルギーニやアルファ・ロメオのデザインを手がけた。一九六七年に、あの美しいアルファ・ロメオ・ティーポ33ストラダーレを生み出しているのはあまりにも有名だ。

一九六〇年代は、イタリアのカー・デザイナーたちが世界中の自動車デザインに大きな影響を及ぼした時代だった。名門ピニンファリーナを筆頭に、ジョルジェット・ジウジアーロ、マルチェロ・ダンガーニ、ジョヴァンニ・ミケロッティら、美しいものをつくろうというイタリア人の情熱は、ルネサンスの時代から連綿とつづいてきたものである。

アルファ・ロメオ歴史博物館所蔵のスポルティーヴァは、ガレージの屋根の採光面から入る拡散された光によって、美術品のように輝いていた。直感的に、ハイコントラストなモノクロ写真ならではの力強さで「横顔の美」を表現してみたくなった。モノクロ写真はシンプルなだけにイメージを増幅させる表現の深さがある。光の陰影効果、車体の質感、フォルムの美しさを白から黒までの階調の中で、被写体の深層に迫ることを可能にしてくれる。このクルマの「横顔の美」は、時代を超えた不滅な光を放っている。

品川302
す 67-18

シトロエンの印象形成

CITROËN C4

シトロエンＣ４のハンドルを握りながら、過去に乗ったシトロエンのことを思い出してみた。

パリに出張の多かった時代の私は、現地の足として友人からシトロエンＣＸを借りた。一日の撮影が終りホテルに帰るとき、たとえ遠回りになっても、ＣＸのハドロニューマチックのしなやかな乗り心地を味わいたくて、華やかなパリの街を走り抜けるのをつねとしていた。その当時、東京では日常の足としてシトロエン・エグザンティアに乗っていた。このクルマは「カー・グラフィック」の編集長である小林彰太郎氏の勧めにより購入した。

どちらのシトロエンもクルマと触れあうことの楽しさが横溢していた。いつの時代でも、誰が運転してもその印象は変わらないだろう。心地よいとされるルールに基づいたデザイン、背中から下半身を包み込むようにサポートするシート、運転することが楽しくなる操縦性。クルマは人の移送を目的とする道具なのに、シトロエンは無駄のない形態や構造を追求した結果、「機能」と「美」が自然にあらわれているデザインとなった。

Ｃ４は、当初の予定では都会を背景に撮影しようと考えていた。だが、運転をはじめてすぐに考えを変えさせられた。このクルマの手触り、車室内のゆとり、使いやすさなど、シトロエンの優美な感触を知って、Ｃ４は運転席にはじめて身を置いても、そこが以前からの自分の居場所であったかのような心地よさを見つけられる。

サスペンションの動きはスムーズで、凹凸のある路面でも乗員はフラットな姿勢を維持することができ、あらゆる路面を問わず、なんとも優しい乗り心地を提供してくれる。ショックの吸収が速度によって変化することなく、低速から高速まで一貫して同じ乗り心地を保つのはＣ４の特筆すべき長所だ。

サスペンションだけでこの乗り心地が達成できるのではない。シートクッションのダンピングがサスペンションとの相生効果を生み出しているのである。シトロエンはメカニズムにとどまらない。人間の体躯、物理的な動作、生理的な反応や変化などを実際のクルマづくりに反映している人間工学そのものである。

どこまでも遠くへ運転したい気分になった。ゴルフ場へと向かう朝に通った美しい陽光の差し込む雑木林の道を思い出し、Ｃ４のノーズをその場所へ向けていた。

中速、高速コーナーが連続する場面でＣ４を攻めてみた。スピードを高めても、生き物のように振る舞うサスペンションは、ダイナミクスと乗り心地を両立させ、タイトコーナーが連続する場面でも、ハンドル操作に対してきわめて正確な応答性を示し、路面に吸い付くようにして走る。Ｃ４は、乗り心地だけではない、ドライバーを圧倒するコントロール性能も持つ。こうしたアグレッシブな走りは、Ｃ４ならではの特徴である。

陽光が差してくるには、まだ時間があった。Ｃ４を眺めているうち、全体のシルエット、サイドのプレスラインの際立ちが早朝の微妙な光の中で浮かび上がってきた。Ｃ４のデザイナーは、きっとこのような光景をイメージに抱きながら、この造形をつくり上げていったのではないか。そんな思いがピークに達し、シャッターを切ったのが、この写真である。

シトロエンのデザインは、単なるデザインにとどまらない。シトロエンほど人の感覚や思考を深く理解している自動車メーカーはない。シトロエンが支持される理由のひとつは、いつの時代でも、人にとって心地よいクルマであり続けているからに違いない。奥行きの深い乗り心地、それはＣ４を手に入れたドライバーこそが享受することを許された世界でもある。

品川302
さ 37-60
品川302
さ 37-59

車体に何を映り込ませるかで人をさらに魅了する

CITROËN DS4

クルマを撮影する場合、その魅力を最大限に引き出すために、曲線とフォルムを多面的に見る目が要求される。たとえば、カー・デザインの重要な要素のひとつであるボディ面への映り込み、その見え方によって、クルマの外形デザインの複雑な面形状が把握される。

クルマは光沢を有する金属製のボディ面によって構成されるから、ボディ面上には、周りの景色の像のリフレクション（反射）が映り込む。反射した映り込みがボディのラインを浮き上がらせ、ペイントの質感も見えてくる。階調の連なりが、クルマの存在感を豊かに映し出してくれるのだ。

シトロエンＤＳ４のデザインコンセプトは、セダンの快適性と、背の高いＳＵＶの気持ちよさ、クーペの流麗なフォルムをすべて統合した、どのクルマのタイプにも似ていない４ドアクーペである。この独創性こそシトロエンの真骨頂である。湾曲したボディは見る角度によって、新たな造形美を見せてくれる。

クルマは屋外で使用されることを前提としていることから、外形デザインの開発を進めるうえで、映り込みの見え方は無視することのできない要素である。移動する場所によってボディに映し出される風景は変わり、動くことによって映り込みの見え方も変化する。カー・デザインにおいては、ボディの艶（つや）のレベルを上げ、映り込む風景を見せるという方法も考えられている。ボディの曲面に光を受けた時の「映り込みの美」は、ボディ形状の微妙な変化によってさらに美しく人の目に映る。

自動車写真にとって、映り込みという現象は、とかく悪さをしてばかりというネガティブなイメージが強い。しかし私にとっては、ボディ曲面に浮かぶ映り込みと陰影がエモーショナルに感じられるかどうかが、クルマを美しく表現するための重要なポイントになる。

シトロエンDS4のボディに映り込む新緑の樹々は、清々しい気持ちにさせてくれる。こうした、光沢のあるボディ面に映り込むことによる反射光の増幅を、この季節はいたるところで目にすることができる。写真にゾクッとするほど艶やかな映り込みができた瞬間は、クルマがもっとも美しく見える状態である。

アール・ヌーボーを想起させるシトロエンDS4のボディ。その曲面に浮かぶ艶やかな映り込みがシトロエンDS4の存在感を増幅させる。

時間や季節とともに移り行く色彩の変化を写直に定着させる。その描写技法はすべて印象派から学んだものだった。印象派の画家の中で、私がもっとも惹かれるのはポール・セザンヌだ。セザンヌの絵をはじめて真近に見たのは、パリのオルセー美術館だった。光と陰影、色彩の階調の連なり。こんな表現を写真でもできないものかと興奮したことを、いまでもよく覚えている。絵画は三次元の空間をいかに二次元のキャンバスで表現するかというテーマを、遠近法や、陰影、光と影の効果などの技法によって取り組んできた。セザンヌからはとくに、陰影感と鮮やかさを教わった。

ボディの映り込みは、日光があたる部分と影になる部分、拡散光やさまざまな映り込みの中から、よりクルマを美しく表現するための取捨選択が重要となる。シトロエンDS4を撮影しながら、光の世界は、光と影によるメリハリ以外にも、車体に何を映り込ませるかで人をさらに魅了することのできる、深い世界があることに感動した。

フランス車に乗ると落ち着くのはなぜだろう。いわゆるスタンダードなクルマを選ぶのもいいが、クルマ好きなら、他のクルマにない傑出した魅力をどこかに持った一台を選んでみてはどうだろうか。シトロエンDS4の魅力とは、隅々までこだわったデザインと、アバンギャルドな個性、そして、往年のシトロエンの足回りほどではないが、サスペンションにはシトロエンらしい十分な懐の深さが感じられ、路面からの力に突き上げられることなく快適な乗り心地を提供してくれる。これがシトロエンの流儀なのである。

MICHELIN

夜の灯りに照らされるDS5と、そこに漂うエスプリという才知

CITROËN DS5

美しく統一された街並み、自由な人々、ひしめくように駐車されているクルマ。パリの街は、そこに生きる人々の美意識と秩序で満たされている。「エスプリ」（esprit）という言葉はそのことをいう。フランス人にとって大切な意味がある。日本語で強いていうなら「才知」だろうか。

パリでの仕事が多かった時代、フォーブール・サントノレをゆっくりと走り抜けるのが好きだった。この通りには、パリを拠点に持つブランドの店が建ち並び、そのショーウィンドウは、華やかな街の景色そのものを反映していた。

夜のパリの道は渋滞さえしていなければ、心地よいリズムでクルマを走らせることができる。石畳の路面、セーヌ川沿いの自動車専用道路、凱旋門のランナバウト。変化に富んだ道路の表情が運転する楽しみをさらに演出してくれる。

私にとってエスプリを感じるクルマとは、シトロエン以外には考えられない。往年のＤＳやＣＸ、２ＣＶ（ドォー・シー・ヴォー）を思い出せばわかるように、シトロエンの持つ土着性や自由な気風が、エスプリには欠かせないことがわかる。

パリの夜のシトロエンはとくに素敵に見える。歩道に乗り上げたり、ずさんに駐車したり、薄汚れていたりしても、パリの街の灯りに照らされたクルマたちはみな美しい。

夜の街に佇むＤＳ５を撮影してみた。他のクルマとは一味も二味も違う個性を放つ。暖色系の蝋燭（ろうそく）の炎を連想させるライトに照らされた車体にエスプリが漂う。クーペのように流れるボディラインはじつに印象的で、彫りの深い表面と精密なエッジに目を奪われる。ＤＳ５は新世代シトロエンの主流を形成する、斬新な造形美を完成させてみせた。スタイルだけに惚れて、オーナーになったとしても後悔し

ないだろう。
走りはじめてみるとさらに、シトロエンらしさが濃厚に感じとれる。サスペンションのストローク感が深くなればなるほど粘りが出て、荒れた路面に強く、ワインディングでは抜群の安定感をみせる。デザインだけではなく、快適な乗り心地に身をまかせ、どこまでも走り続けたくなる走行性能もまた、シトロエンＤＳシリーズの魅力が継承されている。

ＤＳ５のドアを開けた瞬間から語りかけてくるアバンギャルドなムード。派手ではない深みのある美しさ。思わず触れたくなる形状のスイッチ類。ＤＳ５の内部空間は、シトロエンならではの安穏な世界が展開されている。
大きく寝かせたＡピラーからルーフエンドまでのフォルムは、端正な曲線で気持ちよく描かれている。ＤＳ５のインテリアには、小さなものでも最大限に活かそうとする、フランス人の合理的な国民性が感じられる。それは、茶室や坪庭など、狭い空間に「宇宙」を創造する、日本古来の生活様式に共通する美意識が息づいているように感じる。
しかもそれは機能性を犠牲にしたものではなく、日々の暮らしを芸術化するフランス人の考え方に根ざしたものである。なんでもない日常生活に楽しみや豊かさを見いだすという、慣れ親しんだ環境で培われた美意識は、その人の人生を支配するほど強い力を持っている。

他人があまり乗っていないクルマを選びたいなら、シトロエンはとてもよい選択だ。乗り心地をはじめ、クルマとしての基本的な機能を裏切られることもない。
シトロエンはフランスで生まれ、フランス人が育てたクルマである。心豊かに生きるフランス人の美意識が、ＤＳ５の隅々にまで息づいている。

品川330
に・5 65

140
160
180
200
220
240
260
80
40
20
REAR
HEADLAMPS
BRAKE FLUID

E·TYPE
SMITHS
X100
RPM
10 15 20 25 30 35 40 45 50 55 60
12
3
NEGATIVE
(-)EARTH

JAGUAR
4.2
・5 65

自動車の歴史上、もっとも魅力ある一台であることは間違いない

Jaguar E-type 1965

ライトブルー・メタリックのジャガーEタイプは、気品に満ちた素晴らしいものだった。狭いドアから身体をシートに滑り込ませる。細くて大径の木製ステアリングに手をやれば、心拍数が速くなるのがわかる。パッセンジャー・シートとの間を隔てるトンネルに、エンジンからの力を伝達するトランスミッションとプロペラシャフトの存在をしっかりと受けとめることができる。目の前にはタコメーターと速度計が並び、それ以外の計器類もセンターコンソールに整然と鎮座する。

フロントガラス越しから見る、隆起する大地を思わせるボンネットのふくらみは、麗しいスタイリングとスポーティな走りを併せ持つEタイプの魅力を象徴しているようだ。

このクルマを運転することは、単に移動の手段ではなく、スポーツであり、命の洗濯でもある。イギリス人はこのクルマを愛おしむ。往年のスポーツカーを偏愛し、保持することに心血を注ぐ。

スタイリングの特徴であるロングノーズ・ショートデッキは後のスポーツカー・デザインに大きな影響を与えた。

大きな6気筒エンジンを堂々と縦に内包する、極限まで長いノーズ。ドライバーの着座位置、後輪の位置が全長4450㎜の滑らかなシェイプのボディのなかに見事なバランスで配置されている。表情豊かなフェンダーの張り出しは全幅1660㎜と現代の水準とくらべると狭いが、1220㎜の低い全高との組み合わせは精妙さとスピード感をうまく表現している。いくら眺めても飽きることのない、ネコ科の身体のような優美さ。形の美しいものは機能的であり、機能的に優れているものは美しいというクルマの法則があるとしたら、それはEタイプにこそあてはまる。その普遍的な美しさが認められ、ニューヨーク近代美術館に永久保存された最初のクルマである。

ロンドンが活気にあふれた一九六〇年代初頭。楽観主義と快楽主義を求める若者たちの志向は、とくに音楽やファッションに大きなムーブメントを起こした。ビートルズやツィギーが登場し、ミニスカートが流行した。自動車の歴史では、スポーツカーにおいてテクノロジーの進歩と優美なデザインが共生を果たした奇跡的な一時代であった。

時を同じくしてEタイプは誕生した。スポーツカーは流麗であり審美的でもある。そして、時代の変遷を見据え、それをクルマづくりに反映しなければならないという使命感すら帯びている。この使命感は、イギリス人の生活や文化の場で求められる、成熟した眼差しに深く通じるものがあるかもしれない。

一九六一年のジュネーブ・モーターショーで発表されたEタイプは、ジャガーを一流の自動車会社に発展させたウィリアム・ライオンズ卿と、航空機のエンジニアだったマルコム・セイヤーから生まれたスポーツカーである。一九五〇年代のル・マン二四時間耐久レースでは、伝説的なCタイプ、Dタイプの走りが人々を魅了し、数多くの優勝経験からジャガーはル・マンでもっとも成功したメーカーとしてその名を轟かせていた。その戦歴で得た技術と信頼性は、〝美しく速く走る〟というEタイプのブランドイメージへとつながった。

レーシングマシン直系のEタイプのメカニズムとパフォーマンスは、3・8リッター直列6気筒DOHCエンジンと四段MTで後輪を駆動し、最高速度は時速240㎞の性能を誇る。当時スポーツカーとしては珍しかったモノコック構造のボディと、四輪独立懸架、四輪ディスクブレーキを備えていた。Eタイプの登場は、まさにセンセーショナルだった。

Eタイプはそれまでのスポーツカーづくりの常識を一切介さなかった。成功の要因は、性能が優れているだけではなく、なんといってもそのエレガントなスタイリングにある。Eタイプは揺れ動く一九六〇年代を象徴するスポーツカーのアイコンとなった。今も色褪(あ)せることなく、Eタイプは誰もが振り向くほどの魅力を備えている。（写真のEタイプはシリーズI、4・2リッター）

品川302
ぬ 94-77

新世代のジャガーに乗って思うこと

Jaguar XE S

男子たるもの、ある程度の年齢になると本当の意味での〝大人〟に憧れる。なりたい自分、達成したい目標。心の潤いと大人の色気あるお洒落(しゃれ)、人生における余裕みたいなものを感じてみたくなる。

クルマの趣味についても大人になると求めるものが違ってくるものだ。私も、それまでドイツ車ばかりを乗り継いできたが、あの誠実で飾り気のないつくりと走りに飽きてしまったのだ。

そんなおり、一九九二年、三七歳のときにディムラー・ダブルシックス（12気筒のジャガーサルーン）を買った。年齢的には少し無理があったかもしれないが、憧れのジャガーが欲しかったのだ。世の中には数々の名車があるが、その中でも控えめでさりげないお洒落な感覚というか、ジャガー・ブランドのイギリス流アンダーステイトメントな精神が好きだった。

ジャガーはロールスロイスやベントレーのように最初から名門だったわけではない。イギリスの片田舎でオートバイのサイドカーを製造していたが、技術を磨き、五〇年代のル・マンで栄光を手に入れる。名門へとのぼりつめたジャガーの貪欲で真摯な姿勢が心に響く。

じつはこれ、私が敬愛する自動車評論家の徳大寺有恒氏と岡崎宏司氏からの〝ジャガー愛〟に影響されたようなもの。ダブルシックスに乗っていたのが同じ時期で、数台連ねて京都までドライブと洒落込んだこともあった。ダブルシックスの上質な乗り心地と車室内で過ごす時間は、とても気分が癒やされた。

タイトな空間に切り立ったインパネまわりの造形もジャガー独得のもの。ダブルシックス以上に魅力のあるサルーンを私は知らない。

新世代のジャガーには、まったくといっていいほど興味が湧かなかったが、過去の淡い思い出と鮮烈に決別させてくれたのが、先進的なジャガーのミドルサイズ・スポーツサルーンＸＥ－Ｓだ。それはもはや大英帝国の遺産からは解き放たれて、過去の流儀にとらわれることなく、エンジニアリングはすべてを新設計とし、立ち位置をグローバルな枠組みの上に置いている。

結論をいえば、過去に乗ったジャガーの中で一番俊敏なジャガーかもしれない。箱根まで走らせてみたが、身のこなしはしなやかで、ドライバーの手足の動きに俊敏に心地よく反応する。３リッターＶ６エンジンがもたらす動力性能は操る楽しさにあふれている。四・七ｍの全長と一七三〇kgの重量を感じさせない軽快な動きは、ドライバーが抱くすべての要求に応えてくれるような気がする。昔のジャガーは、〝ネコ足〟という、しなやかな乗り味にたとえられたが、現代のジャガーは、その名の通り、大型ネコ科動物が持つ、しなやかにして力強い脚力を備えた。

一見、保守的で控えめなデザインにそれほど惹かれなかったが、自然光の変化により、ジャガー・サルーンの古典的な魅力が随所に追求されていることがわかった。特に斜め前からの見栄えは、ボディの重さが四輪のタイヤにしっかりかかるような安定感と力強さを醸し出している。そして、初代ＸＪに由来するフロントグリルをはじめ、エレガントで伸びやかな表情のフェンダーの稜線。軽量アルミニウム構造は、極めて強力なボディを生み出しながら、人の感性に徹底的に寄り添った乗り心地を生んでいる。これこそジャガーが伝統的に抱き続けてきたクルマづくりの理想像であろう。イギリス人の心の中には栄光の時代のジャガーの誇りが息づいている。

イギリス車を撮影する場合、背景に選ぶ場所は、伝統的なロンドンの街や絵画のような風景が広がるカントリーサイドをイメージすることが多い。しかし、そのような背景はＸＥには似合わないだろう。先進技術を投入し、ジャガーの新しい世界を開拓するためにＸＥは生まれた。産業革命やパンク・ロックを生んだ革新性を感じられるような場所でＸＥを撮ってみたくなった。ＸＥはジャガーの哲学を受け継ぎながら時代の流れにうまく融合しているように思える。

大人になっても
ジャガーの匂いは忘れない

Jaguar Mk. II Saloon

ジャガーという名のクルマを知ったのは、小学校の四年生だった。その頃からクルマに興味を持ちはじめていた。

いまでも忘れられないのが、その頃に好きになったクルマのネーミングだ。コブラ、マスタング、スティングレイ、ジャガー。並べてみるとどれも野生の生き物の名前だ。当時、好きだったクルマにそんな共通点があるとは考えてもみなかった。共通点は車名だけではない。それぞれのスタイリングにも共通点はあった。グラマーで、ロングノーズ。

私流の〝美麗なクルマの定義〟でスポーツカーを選べば、迷わずジャガーEタイプになる。それは大人になったいまも変わることがない。Eタイプは、エレガントだ。フロントフェンダーの曲線を一日眺めていても飽きることはないほどだ。

いま思うと、私の自動車写真の考え方は、子供の頃にジャガーというクルマから教わったように思える。ただしそれは、Eタイプではなかった。綺麗（きれい）な丸みを随所に生かした優美な4ドアボディの、ジャガー・マークⅡサルーンなのだ。当時、モーター・スポーツで活躍をし、「スポーツサルーン」という言葉はこのクルマから生まれたのである。

私が生まれ育った家の近くに、お世話になった小児科医院があった。小さな個人経営の医院だ。その隣は先生の住居になっていて、狭い庭にはいつもクルマが入っていた。そのクルマがジャガー・マークⅡサルーンだった。ボディカラーはシルバー・メタリック。スポーツカー以外のクルマに興味を持ったのは、このクルマがはじめてだった。とにかく気になって仕方なかった。スポーツカーではないのに、なぜジャガーのマークがついているのだろう？ イギリスのクルマは排気音もうるさいのに、お医者さんが乗るクルマなのか？

ある時、先生に「先生のクルマってどんなクルマなの?」と聞いたことがあった。先生は嬉しそうに、「乗せてあげるよ」と言ってくれた。私のはじめてのジャガー体験だった。

ドアノブを押してみる。重そうなドアは意外にも軽く開いた。助手席に乗り込んでみると、いままで嗅いだことのない匂いが充満していた。先生の吸っている葉巻の匂い、レザーシートの匂い、古い家具の匂い、それらが混ざり合った独特な匂いだった。

「このクルマの魅力は大人にならないとわからないよ。イギリスのクルマは日本のクルマとは違うだろう」と先生は誇らしげに言った。

当時、私の父はクラウンの観音開きに乗っていた。私が比較できるのは父のクルマだけだった。父は遠出するのが好きだった。クラウンの車室内はビニールの匂いがした。三〇分も乗っていると気持ち悪くなってしまう。それとくらべて先生のジャガーは、甘い匂いがした。いま思えば、アンティークのイギリス家具のある応接間にいるような気分だったのだろう。乗っていて何かとても落ち着くような気がした。クルマと接している時間の大部分は車室内で過ごすのだから、インテリアの「感触」や「匂い」は乗り手の感情に直接影響し、クルマの印象を決定づけることになる。

先生と何度か、町内をひと回りするだけのドライブで、私の自動車観は大きく変わることになった。クルマとそれを所有する人。クルマとライフスタイル。イギリス車の魅力。子供の私にこれだけのことを感じさせてくれたのだから、大人になったいまもジャガーの魅力から逃れることはできないのは当然かもしれない。

自分でクルマを運転できるようになるまでは、クルマをただ〝美しいもの〟としてとらえていた。クルマを運転し、所有できるようになってからは、クルマを「心象」としてとらえるようになった。見た目の美しさ以上に、クルマという存在と意味、時代とクルマとの接点、そんなことが気になりはじめたのだ。それは私の自動車写真のコンセプトそのものでもある。

品川361
に・1 01

270
300
330
240
360
210
KM/H
180
150
120
90
60
30
180
200
160
220
140
MPH
120
100
80
60
40
20

D
N
ENGINE
START
R
P
SOURCE
MENU
RADIO

粋人を虜にする理由

ASTON MARTIN DB9 GT

日本には旦那衆たちによって受け継がれてきた「粋」という文化があった。自分自身を輝かせるためには、まずさりげなさを大事とした。粋人は、流行に押し流されることなく、自分の生き方を貫く。外見と精神を合体させる、洒落ものの哲学のようなものを持っている。

これは誇り高きイギリスのダンディズムの精神に通じるものがある。ダンディズムとは、一九世紀初頭のイギリスの上流階級の若者を指す観念であり、服装から礼儀、教養に至るまでを支配していた。とくに、外から見れば危機的状況なのに、優雅にそしてさりげなく振る舞う精神的なタフネスを、最上級の価値として置いていた。「ダンディズム」と「粋」は、男気、秩序、こだわりを保つ、という点では共通する。表面上の美しさだけではなく、自分が求めるイメージに忠実に生きようとする美学ともいえるだろう。

アストンマーティンＤＢ９は、そんなダンディズムとイギリス車らしい繊細さ、上品な情感が重なり合うことで、多くの粋人を虜(とりこ)にしている。複雑でアンバランスな時代でも、粋人は美しく生きることを求めている。そしてこのクルマがもたらしてくれる自信や、こだわりのあるライフスタイルを手に入れようとする。それは、フェラーリにもポルシェにもない魅力のような気がするのだ。世界中の粋人に支持されるクルマとして、アストンマーティンＤＢ９は存在する。

フロントのミッドマウントに搭載された、Ｖ12気筒エンジン特有の滑らかなスターター音を確認した直後、体の芯が揺さぶられる、咆哮(ほうこう)ともいえる独特のサウンドが轟きわたった。そして、アイドリングで奏でる音色では、驚くほど澄んだ音質となる。

ステアリングコラムのパドルを引いてギアをローに入れ、アクセルを踏み込む。３０００ｒｐｍあたりをすぎるとＶ12気筒エンジンの威力を示し、エンジンはさらに高みをめざして上りつめていく。ピークを発生する5000rpmからは、これほど高揚する音色が生み出されるものかと、感慨を覚える排気音がDB9の後方に響いていく。スロットルペダルを深く踏み込んでも、DB9の操縦性は極めて高く、自分がクルマの一部になったような気分になれる。547PSのスリルと興奮が生み出す快楽がそこにはある。その一方で、2500rpmぐらいまでの回転域で、余剰トルクを楽しみ、高速道路をおだやかに巡航するのもいいだろう。大海原で意のままにボートを操縦しているようだ。アルカンタラのステアリングホイールとレザーに囲まれた、落ち着きながらもモダンな室内は、ジェームズ・ボンドの仕事場のようにクールな雰囲気だ。

イギリスを代表するスポーツカー・ブランドであるアストンマーティンは、いまやイギリス系資本のメーカーではないが、イギリスの歴史と威厳に満ちあふれた意識の高さは、継承されている。時を超えてなお輝く優雅さ。ブリティッシュ・スピリット。人を惹きつける存在感がある。

2+2のクーペを真横から見た時、典型的なフロントエンジン・リアドライブのスポーツカーのプロポーションが印象づけられる。乗員のキャビンと車体、車輪の位置を美しく配した位置関係。建築や美術で取り入れられている、デザイの黄金比があることがわかる。それは人間が本能的に美しいと感じるものであり、他のスポーツカーとは明らかに違う雰囲気を醸し出す要因だ。

自分からは遠い存在であり到底自分のものにはできない。つまりDB9は高嶺の花である。何をするのでもなく、ただその場に佇んでいるだけで美しいと思わせる。DB9は、まさに夜の花のような存在だ。撮影現場でカメラの背面ディスプレイに写し出されたDB9は、イギリス車らしい華美にすぎない佇まいであり、夜の都会がもっとも似合うスポーツカーであると思われた。

品川34
84-21

数値的なパフォーマンスでは創造できないもの

Morgan Plus 8

往年のイギリスには伝統的に小規模な自動車工場が多く存在していた。ガレージのような狭いスペースで、職人がクルマを組み立てるのだ。バックヤード・ビルダー、直訳すると「裏庭工場」である。

一九五〇年代後半、工場の規模が小さいためにクルマづくりはシンプルかつ高性能が当たり前だった。エンジンのパワーはまだ小さかったので、よりよい加速性能を実現するため、ライトウエイト・スポーツカーを生み出した。人間の感性に訴えるドライバビリティの要求は、走りを愉しむためのクルマを生み出した。

エンスージャストなら、走ることにのみ徹したスポーツカーがきっと欲しくなるはずだ。私にもそんな欲求が芽生えた時期があった。現代のクルマに飽き足らないのか、人間に生まれつき備わった、快楽を追求するという本能のせいか、無性にストイックなクルマに乗りたくなったのだ。

モーガンが欲しくなった。その中でも軽量シャシーにV8エンジンを積むプラス8を。このクルマは並外れて速いが、先進的といえる装備は何も付いていない。ステアリングに伝わる振動と路面に直接触れているかのような乗り心地。機械の動きとドライバーの動作が直結して、非常に神経質なため、舗装の悪い道をまっすぐ走らせるのに気を抜くことは許されない。雨が降れば濡れるし、ルーフは自動では上げられない。欠点もこのクルマの魅力の一部として受け入れなければならない。

モーガン・プラス8は、いまだに戦前のエンジニアリングの原則に従い、木製の骨組みとスチールパネルのボディを接着剤とリベットで組み上げラダーフレームに載せている。サスペンションはフロントがスライディングピラー式の独立、リヤは半楕円リーフのライブアクスルで、ステアリングはウォーム&ナット式。940kgという軽量なボディにローバー製のV8エンジンを搭載し、5速ミッションが組み合わされ、後輪を駆動する。コクピットはタイトでステアリングホイールがかなり近いが、このステアリングの重さを克服するには、ハンドルを抱え込むような運転の格好になるのが理に適っている。レザーシートのパッドは薄いが、しっかり腰をサポートしてくれる。スミス製のメーター類と横一列に並ぶシーソースイッチ類は英国車らしい簡素な雰囲気である。

愛車モーガン・プラス8を北に向けて走らせる。ローラー式のアクセルペダルを踏み込むと、瞬時に暴力的な加速が始まる。サスペンションは硬く、パッセンジャー・シートに乗る人は覚悟が必要になる。高速道路の路面の継ぎ目を超える時のショックでさえ飛び跳ねるようだ。しかし、山岳路のタイトコーナーではほとんどロールもせず、しっかりとトラクションをかけて立ち上がっていく。当然だがトラクション・コントロールなどの制御装置はないから、容易にホイールスピンする。2速、3速での加速は驚くほどで、その傑出したトルクを楽しめれば、このクルマに不満は抱かないだろう。

モーガンのようなスポーツカーが誕生した土壌は、イギリスの丘陵地帯の、緑が広がり粗めの舗装が施されたカントリー・ロードである。交通量は日本とくらべようもなく、信号と出会うチャンスもない。一九三六年から七〇数年にわたり、ただ一度のフルモデルチェンジをすることもなく、世紀をまたいでも生き続けるクルマ、それがモーガンである。風を感じながら軽快に走る悦びは、イギリスが育ててきた。また、日常において放漫なドライビングを許さない環境というものも関係している。

湖畔に佇むモーガン・プラス8。ルーバーを刻んだ長いボンネット、流れるような曲線を描くフェンダーのライン。美しくカーブしたラジエター・グリル。古典的なスタイリングの美しさと、プラス8本来のアグレッシブに息づく感覚が味わい深い。

あいにくの悪天候だが、このどんよりとした小雨まじりの天気こそ、イギリスらしい天気なのである。「一日の中に四季がある」といわれるように、晴れていたかと思うと突然、雲行きがあやしくなり雨が降りだしたりする。悪天候ではあるが、モーガンを撮影するには理想的な雰囲気ではないだろうか。

AUTO 0

ロールス・ロイスの新しい夜明け
Rolls-Royce Dawn

二〇一六年の仕事は、ロールス・ロイス〝ドーン〟の撮影からはじまった。日本におけるロールス・ロイス社の公式広報写真である。撮影コンセプトは、車名である「ドーン＝夜明け」、日本らしさを表現すること。夜明けの富士山を背景にドーンを撮影してほしいというのが、クライアントの要望だった。

日本の象徴でもある富士山は、二〇一三年に世界文化遺産に登録され世界中の人たちからも親しまれるようになった。かつて高度経済成長期に日本は近代的な工業国であることをアピールする必要があった。富士山を背景にした新幹線の写真は、その典型だった。もし富士山が世界文化遺産に登録されていなければこの撮影コンセプトに抵抗があったかもしれないが、現在の富士山は日本文化の象徴となった。富士山を背景にドーンの美しい写真を撮ってみたいと思った。

よいものを時間をかけて繰り返しつくるという伝統は、歴史や文化の豊かな国ではいかにも相応しく思える。ロールス・ロイス社が生み出してきた名車たちはすべて、それぞれの時代のクルマの常識を遙かに超える上質なクルマづくりを実現してきた。最上級の天然素材を贅沢に使用したハンドメイドの生産を身上としている。

一方で、伝統が息づく環境においても人々は革新を好み、その時代において新たなものを生み出している。ロールス・ロイス社は紆余曲折を経て、現在ではBMWグループの傘下になり、ロールス・ロイスの伝統とBMWの最新テクノロジーを融合した新しい理想のもとに超高級車をつくり続けている。

一九五〇年代初頭に、わずか二八台のみが製作されたという「シルバードーン」のドロップヘッドクーペ（コンヴァーティブルの英国式表記）にオマージュを捧げつつも、新生ドーンは現代的でスタイリッシュな最高級の4シーター・コンヴァーティブルを提案し、ユーザー層の若返りを果たした。
長いボンネット、フロントとリアの短いオーバーハング、高いショルダーライン、エレガントに先細るリアエンドの造形、といった伝統的なロールス・ロイスのデザイン原理に基づき、ヘリティッジの継承もこのクルマの魅力である。力強く、大きく傾斜したウィンド・スクリーン、リアエンドまで上昇しながら流れるサイドのプレスラインと、高い位置を走るベルトラインがドーンの現代的な造形を際立たせている。とくにルーフを開けている時のデザインは優美であり、懐かしいオープントップ・ツーリング時代を彷彿とさせている。

富士山を背景にしたドーンが、夜明け前の瑠璃（るり）色の空の下で佇んでいる。人工的な造形物の力を借りずに、あまりにも堂々としている。存在そのものがひとつの主張になりえている。もはや富士山と対峙（たいじ）しているではないか。ひと目見ただけでドーンの存在感は強く印象に残り、畏敬の念さえ覚える。それは数値性能では語れないロールス・ロイスが持つ唯一無二の世界なのである。

撮影場所となった湖畔の気温は摂氏零度。透き通った空気の中でドーンのスターターボタンを押す。何のストレスもなくV型12気筒6・6リッター直噴ツインターボ・エンジンは目覚め、低く安定したアイドリングをはじめる。ファブリック製のルーフはボタンひとつで音もなく開きはじめ、クラフトマンシップによる、ロールス・ロイスらしい贅を尽くしたインテリアと快適に過ごせる上質な空間が陽光の下に現れる。

現代のロールス・ロイスは基本として乗り心地はソフトだが、驚くほどの加速性能を有している。また2640kgの車重からはおよそ想像のつかないコントロールのしやすさにも驚く。ドーンは他のロールスロイスと同様に「魔法の絨毯（じゅうたん）」と呼ばれる最高の乗り心地を実現している。

ロールス・ロイスは、いまもなお誰もが認める世界最高級ブランドである。ドーンは私の日常を超えた次元に存在するものだと思えてならない。

¥200 コインロッカー
P
駐車
ココ!!
Asahi
CALPIS

車両ステータス
22:00
MODE
AUTO
A/C

先進のシティカーと猥雑な東京との対比

BMW i3

はじめてＢＭＷ ｉ3を試乗した時、真っ先に銀座の中央通りに向かった。従来とはまったく異なったデザインテイストのクルマが、街を行く人々の目にどのように映るかを確かめてみたかったからだ。

しばらくの間、ｉ3を路肩に停めて静観してみた。フェラーリやロールスロイスならほとんどの人が遠巻きに眺めるのだが、ｉ3にはクルマに興味がなさそうなご婦人も近寄って食い入るように見ている。キドニーグリルとエンブレムの演出によってＢＭＷのクルマだとわかるが、どのような種類のクルマなのか判断がつかない様子がうかがえる。

食い入るように見るからには、興味の対象になる理由があるはずだ。シティコミューターなのか、電気自動車なのか、新たな時代を提案するクルマは、視覚的にもこれぐらいのインパクトが必要だということなのだろう。既存のクルマのようなボンネットとトランクを持たないコンパクトなボディ形状は、もっさり見えがちだが、日常生活の基盤となるシンプルでスタイリッシュな家電のようなデザインが、親近感を感じさせてくれそうだ。

ｉ3を眺めていた人たちには、スペース効率を重視したプロポーションが、現代の生活に相応しい身近な乗り物であることを直感的に知覚させたのではないだろうか。テクノロジーとデザインの融合がかつてないほどに進む現在、そのクルマが社会に受け入れられるかどうかは、デザインが担う部分が非常に大きいのだ。

フロントドアを開けて目に飛び込むモダンなインテリアは、まるでタブレットに囲まれているような雰囲気で、ステアリングホイールの造形やダッシュボードに配された浮遊感などに未来を感じさせる。運転席からの視界は十分に確保され、シートはリビングルームのソファのような感触で、車室内は動く部屋のようでもある。内装は天然素材に加え、ペットボトルのリサイクル材を使うという。モノを無駄にしないことの大切さをヴィジュアルで表現しているようだ。大都市圏の移動手段として構想された空間は、なにもかもが新しい。

ｉ3は電気だけで走行するＢＭＷ最初の量産モデルである。170psの電気モーターをリアに搭載し後輪を駆動するＲＲモデルながら、重たい電池を床下に敷き詰めることで、前後重量バランスの適性化と低重心化により、街を走っていても、そのバランスのよさを体感できる。機械が詰め込まれたシャシーの上に、カーボンファイバー製のボディを載せているので車重が軽く、クルマの動きは俊敏だ。

ｉ3はアクセルのオン・オフだけで簡単に運転できる。アクセルを緩めると回生ブレーキが働いて、まるでブレーキペダルを踏んだように減速Ｇが立ちあがる。コツさえつかめれば、ブレーキペダルを踏むことなくアクセルを離すだけで信号の停止線にピタリとｉ3を停止させることができる。アクセルペダルひとつで加速も減速もコントロールすることが可能になる。多分、過去に乗ったクルマの中でもっともスムーズな操作性であり、密集した建物や道路の間を縫うように走らせることができる。それがこのクルマの持ち味がもっとも活かせる環境である。この新しいドライビングフィールは快感となって、運転が好きな人間を夢中にさせるだろう。

東京の街中で生まれ育ったせいか、私は下町の雰囲気が好きだ。ＢＭＷ ｉ3の撮影場所には迷わず浅草を選んだ。浅草は、都会の雑踏や喧噪の中にあっても、生活の息吹が感じられるからだ。ｉ3にはそんなシチュエーションが似合うと思う。よいデザインには社会と共生できるものがある。ｉ3の見る者を惹きつける前衛的な美しさは、このクルマの持つ哲学や美徳とするものをひと目で理解できるような気がする。

浅草はよくも悪くもいい加減さや胡散（うさん）臭さが雑踏の中にあり、東京の他地区にはない不思議な魅力を持っている。下町の片隅のｉ3をテーマにすることは、そこに生きる人間とクルマとの関係を映し込むことでもある。そんな写真を撮ってみたかった。

人情味溢れる
築地場外市
洋品
上
庖丁
有次
ラーメン
大一
井上
ラーメン 大一
熊本県産
レタス
JAやつしろ
はくさい

(川上)
電話03-3546-0300
うおがし丼
かんの
専門店
横断禁止
COOPER S
品川501
ぬ 83-52

キラー通りで見かけたカントリーマン

MINI COOPER S CLUBMAN

免許取り立ての頃、父親のルーチェ・ロータリークーペを運転して三日に一度は青山のキラー通り界隈を徘徊していた。キラー通りというのは、原宿や青山、赤坂に続く道で、青山霊園が沿道にあることからいわれるようになったらしく、正式名称は外苑西通り。当時からこの辺りはもっとも新しい東京らしさのあるエリアで、ちょっと走っていれば、ビバリーヒルズのように、普段あまり見ないような高級車を眺めることができた。そんなことを目的に走っていたのだ。

当時、キラー通りによく路上駐車している気になるクルマがあった。ミニのカントリーマンだ。ミニバンをベースに、全長が長く観音開きのドアを装備したミニの派生モデルである。ボディサイドに木枠が装着されており、当時のロックなど新しいイギリスのカルチャーやファッションに憧れていた自分にとって、すごく気になるクルマだった。

何度目かにこのクルマの持ち主と遭遇することができた。ミュージシャンのかまやつひろし氏だ。カントリーマンの荷室にはギター・ケースが積んであり、そんな佇まいがカッコイイと思った。

それ以来、私は今までに触れたことのない、イギリス車のある生活を経験したくなり、その二年後に当時乗っていたフェアレディZを下取りに出し、一九七四年式の赤い中古のミニを手に入れた。

小さいイギリスのクルマはとても高価だった。大きいクルマから小さいクルマに乗り換え、パワーも象から蟻(あり)ぐらいの違いを感じたが、それでも私はミニのダイレクトな操作性と等身大の存在感に満足した。相棒となったミニからクルマの本質とイギリス車の魅力を学んだ。私が自動車写真家になるうえでもその経験と知識は大いに役立った。写真家になってからかまやつ氏を撮影する機会を得た時、カントリーマンのその後の話を聞いてみたら、「あれは従妹(いとこ)の森山良子が持っていったよ」と教えてくれた。

ミニは非常に革新的なクルマである。世界初のフロント横置きエンジン。前輪駆動を採用したことで小さな車体にもかかわらず十分な室内空間を確保することに成功している。そのコンパクトでボクシーなプロポーションは、それまでのクルマとは違う印象的なものだった。愛嬌のある顔とクラシックで丸い後ろ姿は、誰が見ても気持ちが優しくなる。そんな魅力がミニにはある。

エンジンをかけ、アクセルペダルを踏み込んで走りだせば、高回転型ではない汎用エンジンがミニを活発に前進させる。重いがクイックなステアリング操作によるダイレクトな操縦性。ほとんどロールもしない車体は、アクセルペダルだけでも意のままにコントロールできる。当時の安楽な日本車にしか乗ったことがなかった私に、ミニは運転することの楽しさを教えてくれた。

古いミニの愛好家になると、必ずといっていいほどミニの上位モデルであるミニ・クーパーSが欲しくなる。排気量が1275ccに拡大されたエンジンの性能向上に見合った、強力なブレーキと足回りを持ったモデルである。一九六四年から六七年にモンテカルロ・ラリーで三度の総合優勝を飾り、雪や氷に覆われたトリッキーな路面状況でも、前輪駆動のミニは軽快にコーナーを駆け抜けていった。羊の皮を被った狼ともよく言われた。可愛いだけではないのである。

私の青春時代は、一台のミニと二台のミニクーパーSを乗り継いだことで、クルマのメカニズム、運転技術の重要性を十分に学ぶことができた。しかし、それと引き換えにクルマ趣味が高じて泥沼に陥る、典型的な破滅パターンを経験することになった。あまりにもエスカレートしたクルマ趣味に自分の稼ぎではそれを維持することが不可能になり、ミニとの生活を諦めることになったのだ。最後はレストアが仕上がったミニクーパーSを手放し、親姉弟からの借金を相殺した。その後の数年間、クルマとは距離を置いた生活をすることになった。

それから四〇年経ったいま、またミニに乗ってみたくなった。現在、街の中を元気に走り回っているミニのほとんどは、BMW製のミニである。現代のミニは少しサイズも大きくなり、エアコンなどの快適装備も標準仕様である。真夏のオーバー・ヒートに悩むこともない。扱いやすく俊敏に走ることも変わりない。ミニのある生活は楽しいのだ。そろそろ現代のカントリーマン（クラブマン）が本気で欲しくなった。ギター・ケースのかわりにキャディー・バッグを積んでみよう。

憧れのスポーツカーをつくる

MAZDA RX-Vision

撮影のオファーが来たのは二〇一五年の秋、第四四回東京モーターショーの直前だった。撮影は、栃木県の大谷石採石場跡の深さ三〇メートルの地底で行うという。モーターショーに出展するマツダのコンセプトカー「RX-Vision」（以下RX）をそんな足場の悪い場所で撮影するとは、その理由がよく理解できなかった。安全なスタジオで撮るべきではと私から提案したが、マツダ・デザイン本部のたっての要望で、撮影はその場所で行うことになった。

撮影コンセプトを聞いてみると、荒涼とした風景の中で、次世代スポーツカーの生命観あふれるデザインを、CGではなく一枚の写真で追求してみたいというのだ。日頃から自動車写真の表現はそうあるべきだと私も強く考えてきた。自動車広告の世界ではCG一辺倒の映像制作がスタンダードになっている昨今、マツダのデザイナーたちの提案は、自動車写真が持つ本来のリアルさを追求するものといえるだろう。この撮影は私にとっても挑戦的でやりがいのある仕事になった。

地下三〇メートル、気温二度。撮影スタッフ総勢二〇名。大がかりなライティングとそれにともなう電源車を配し、緊張感が張り詰めるなか撮影は行われた。

コンセプトカーとは、自動車メーカーがデモンストレーション目的で製作したもので、自動車メーカーの技術的、デザイン的な方向性を体現し、市販を前提としない場合も多い。未来を描くフォルムは眺めているだけで夢が膨らむものだ。

実際にRXの撮影ポジションを決めカメラを構えてみると、純粋に美しさを追求したスポーツカー・デザインであることを容易に感じとることができる。そして、これまでにない曲線の組み合わせによる、新たなデザインに挑戦する気概を感じる。シンプルな構成に見えて、その造形はかなり繊細であり、見る角度によって車体の表情が変化していく。
元々クルマは無機質なものだが、そこに光の映り込みが現れてきた時の、生命を与えられたようなあまりの美しさに息を呑まずにはいられなかった。
ロー&ワイドなボディ、ショートオーバー・ハング、タイトなキャビンという、ひと目でスポーツカーとわかるパッケージング。
写真を見てわかる通り、RXは本格的なFR(フロントエンジン・リアドライブ方式)スポーツカーのレイアウトの、〝スポーツカーの古典の美〟をイメージしたクーペ・デザインである。スポーツカーは自動車文化の根幹をなすものであり、その魅力をいかにユーザーに伝えるかという点において、デザインは大きな位置を占めている。
なぜ、RXはFRスポーツカーのフォルムを選択したのだろうか。あくまでも私の勝手な想像だが、デザイナーが子供時代からの潜在意識にある〝思い描いた夢のクルマ〟を提示しようとしている気がするのだ。それは、現代の新しい目で〝憧れのスポーツカーをつくる〟ということではないだろうか。

二〇一五年一〇月二八日、第四四回東京モーターショーのプレスデイで、マツダのコンセプトカーRXは高い注目を集めた。ターンテーブルの上に飾られたコンセプトカーは、その回転に合わせ照射された光を艶やかに反射し、光と影のコントラストを引き立てていた。
大胆な曲線で描かれた躍動的なシルエットと情熱的な赤は、エモーショナルなデザインというもののマツダの決意表明であり、新しいマツダのはじまりを告げるものだ。それは、これまでの日本の自動車メーカーのデザイナーがとらわれてきたスポーツカーに対する固定概念を塗り替える試みであり、日本から世界への新たなスポーツカー・デザインの挑戦に感じられた。

LFA

日本のスポーツカーの夢への挑戦

LEXUS LFA

多くの自動車メーカーの撮影をしてきたが、その中でもエポックメーキングな仕事があった。レクサスのスーパースポーツＬＦＡだ。

二〇〇五年のデトロイトショーでコンセプトモデルを発表し、五年の準備期間を経て世界限定五〇〇台の市販化に踏み切った。全長４５０５㎜、全幅１８９５㎜、全高１２２０㎜というディメンションのボディは、ロングノーズ＆ショートデッキ、ワイド＆ローという、ＦＲスポーツのスタイルを持つ。とくに印象的だったのは、ヤマハと共同開発したという4・8リッターV10ユニットのエンジン。最高出力５６０ps／８７００ｒｐｍ、最大トルク４８・９ｋｇｍ／７０００ｒｐｍというスペックを誇る。

当初に生産が予定された五〇〇台はすぐに完売となった。これからは一日に一台が生産され、最後にオーダーした人の手元にＬＦＡが届けられるまで三年ほどかかるという。私の仕事は、ＬＦＡの納車を待たされている顧客に対し、少しでもその時間を楽しんでもらうためのＬＦＡの写真集を撮影することだった。チーフエンジニアの棚橋晴彦氏から、「一台一台、職人の手作業による、組み立てのプロセスを撮ってほしい」と頼まれたのだ。

私の関心は、愛知県豊田市の元町工場の「ＬＦＡ工房」から、才能あふれるエンジニアと熟練職人の手作業でつくられる、日本製のスーパースポーツの全貌を撮影できることだ。完成したＬＦＡはヤマハ袋井のテストコースに持ち込み、走行シーンに至るまで撮り続ける。自動車写真家にとってこんなに興味深い仕事は、そう滅多にあるものではない。撮影期間は約三ヶ月間。何度かに分けて元町工場に通わなければならない。ＬＦＡ開発チーム全面協力のもとに撮影は行われた。

滑らかな凹凸を描いて流れるボディライン。軽量、強靭なＣＦＲＰ（炭素繊維強化プラスチック）製ボディの採用により、金属では難しかったフォルムをつくり出すことが可能となった。伸びやかなノーズ、テールエンドにラジエター・グリルを配し、ドライバーの着座位置はその中央。均整のとれたそのフォルムは前後重量のバランスもよく、ディテールに独自のこだわりをみせるものの、虚飾性は感じられない。それが、専門工房ではじめて対面したLFAの印象だった。

専門工房では、何の部品も取り付けられていないCFRP製のモノコックからはじまり、サスペンション、駆動系、電装系、エンジンの装着へと段階的に撮影が行われた。撮影をすることで、上質な素材感と意匠に徹底したこだわりを持って仕上げていることが見てとれる。

インテリアのしつらえはきわめて上質。手に馴染むフォーミュラカーのようなステアリング、アルミ製のペダル等々、すべてがこのLFAだけのためにつくられているのだ。なんと贅沢なことだろう。たった五〇〇台のためにこのクオリティでは採算が取れるとは思えない。LFAは一名のエンジニアが組み立てすべてを担当する。組み立てと性能検査が終ると、五〇〇台限定生産のシリアルナンバーを示すプレートが取り付けられる。

完成車をヤマハ袋井のテストコースで撮影する。まだ薄暗い光の中で、躍動的なLFAのスーパースポーツとしてのスタイリングが現れてくる。その流線型フォルムは、何百時間にもおよぶ風洞実験と、流体力学を駆使した賜物であり、他のスポーツカーでは考えられないほどの時間を費やしたことにより、並外れた空力特性によって優れた高速安定性を実現している。そうした成果によって、目にした者を思わず振り返らせるような魅惑的なスタイリングを具現化している。

走り出せば、フロントに搭載する驚愕のパワーは、とてつもなく速い。鋭く、軽快に吹け上がり、その独特なサウンドをコースに響かせ、望遠レンズを構えた私に心地よい余韻を残していく。

LFAの開発は、日本のスポーツカーの〝夢〟への挑戦でもある。スーパースポーツと呼ばれるクルマの中でも、本当の意味でエンジンと走りの官能的な性能を魅せてくれるクルマというのは、かぎられているのだ。

DATSUN
2000

DATSUN
NISSAN

TEMP
OIL
X 100 RPM
DATSUN

AMP
FUEL
MPH
TUNING
TONE
SW VOL
SHUT
COLD

子供の頃から憧れていたスポーツカーのコクピット

Fairlady 2000

かつてクルマは少年たちの憧れの的だった。クルマは単なる移動の道具ではなく、さまざまな何かを我々に与えてくれた。デザインとスピードへの憧れ。そしてクルマに乗ったことで得る大切な思い出……。

小学生時代の私は、とにかく明けても暮れてもクルマのことばかり考えていた。クルマのカタログを集めるのが趣味で、カタログを眺めて将来はこんなクルマに乗る、あんなクルマでレースに出たいと想像を巡らせていた。毎日、枕元にぼろぼろになったクルマのカタログを置いて、眺めているだけで幸せだった。

一九六七年、フェアレディ２０００は誕生した。私はこの和製スポーツカーがいちばん好きだった。ブラックに統一されたレーシーな雰囲気の運転席の写真が、スポーツカーの魅力に引き込まれるきっかけとなった。

スポーツカーのデザインは、機能の純粋さを具体化したものだ。ただ、「形態は機能に従う」ことだけを考えてなされたデザインは、深みや面白みに欠けることも多い。しかし、このクルマは機能的に働くことを第一に考えられた結果として、無駄な飾りを排された美しさがある。

とくに、インテリアが美しいスポーツカーは数あれども、その中で群を抜いて美しく、スパルタンな雰囲気に仕立てられている。三本スポークのスポーティなステアリング・ホイール、大きなタコメーターとスピードメーター、セミバケットシート、すべてにスポーツフィーリングいっぱいだった。

この運転席に座りハンドルを握ることを夢見ていた。いつ買えるかなんて展望はまったくないのに、その思いを抱き続けている時間が楽しかった。すべてが運転という行為のために構成されたデザインは、子供の感情も動かした。

いまでもフェアレディ２０００のカタログに記載されていた主要諸元（スペック）はすべて記憶している。日産初の本格的スポーツカーは、エアインテークが特徴のボンネットの下に、直列4気筒ＳＯＨＣ機構を採用した１９８２ccのU20型エンジンを積み、ツイン・チョークのソレックス44ＰＨＨキャブを二基装着した１４５ps／18・０ｋｇｍの性能を手に入れている。ポルシェシンクロを持った5速トランスミッションを搭載し、最高速２０５km／h、０〜４００ｍ／15・4秒という性能データは、当時の2リッター級スポーツカーの世界水準をも凌ぐものだった。そのスポーツ性はサーキットでも圧倒的な戦闘力を誇っていた。

フェアレディ２０００で、初めてスポーツカーのハンドルを握ったことで、目の覚める思いをした人がどれだけ多かったことか。現在もなお世界中に熱烈なファンを持つ伝説のスポーツカーであり、世界の自動車史に残るヒストリックカーであろう。

フェアレディ２０００が発売された一九六七年という時代は、高度経済成長真っ盛り（いざなぎ景気）で、都心のビルはどんどん高くなり、主要道路はクルマで埋まった。この年は日本のスポーツカー・シーンを語るのに忘れられない年となった。空力的ボディを纏（まと）い、6気筒ＤＯＨＣエンジンを搭載したトヨタ２０００ＧＴ、マツダからはロータリーエンジンを搭載した未来的なデザインのコスモスポーツが発売された。トヨタ２０００ＧＴの価格は二三八万円。マツダ・コスモスポーツが一四八万円。どちらもコストが掛かりすぎ若者が手を出せる価格ではなかったが、その中で、フェアレディ２０００の新車価格は八五万円だった。ただ、一九六七年のサラリーマン平均年収が約五三万円（厚生労働省の賃金構造基本統計調査）というのを考えると、スポーツカーは、まだまだ身近な存在ではなかったようだ。

かつてのスポーツカーからは、作り手が込めた夢が伝わってくる。スポーツカーは運転することだけで完結するプロダクトではなく、ユーザーによって新たな価値や魅力を生み出すためにある。

久しぶりにスタジオで対面したフェアレディだが、シャッターを切りながら、子供の頃の夢の輝きを思い出した。撮影の合間に運転席に座らせてもらったが、いまだに運転したことはない。子供の夢は、夢のまま終るのか。

8
TELEPHONE
TELEPHONE
TELEPHONE
SKYLINE
G2
GTR

自分を幸せにしてくれるクルマとの出会い

SKYLINE GT-R（R32）

熱狂的に崇拝される「カルトカー」と、ちょっと旧い「ヤングタイマー」とは、比較的趣味性の強いクルマという点で共通する。それらのクルマは登録一五年から三〇年までのモデルで、クラシックカー、ヴィンテージカーと呼ばれる年代にはまだ達していないモデルである。

ちなみに、「ヤングタイマー」と呼ばれるジャンルのクルマがドイツを中心とした欧州で人気となったのは、ドイツで三〇年以上のオリジナルコンディションのクルマに優遇税制が与えられてからだ。それによって旧いクルマを維持しやすくしたことで、愛好家が増えたらしい。日本も欧州諸国を見習って、歴史ある旧車と自動車文化を後世に残すための優遇税制を行うようにすべきである。日本では、デビュー後二〇年を待たないクルマでも「ヤングタイマー」と呼んでいる。

アポロ11号が月面着陸に成功した一九六九年、初代となるハコスカ（スカイライン）GT-Rが登場した。レースでは天下無敵の五〇連勝という伝説を残した、レースカーのエンジンをディチューンしたS20型エンジンを搭載し、2ドアハードトップのリア・オーバーフェンダー。世界に通用する和製スポーツカーとして、私の世代には特別の憧れがあった。そして、一九七三年に二代目GT-Rが登場したが、排ガス規制や日産がレースから撤退したことの影響により、四ヶ月でわずか一九七台が生産された。それから一六年後、スカイラインGT-R（R32）が復活したのは、ホンダNSXやユーノス・ロードスター、トヨタ・セルシオが登場した一九八九年。バブル景気の最高潮にあったこの年は、日本のモータリゼーションの黄金期でもあった。

スカイラインR32GT-Rは、全日本ツーリングカー選手権で勝ち続けるために開発されたモデルでもある。画期的な可変4WDシステムと四輪操舵のハイキャスを搭載し、異次元の走行性能を実現した。

この写真は、ロンドンの街角でR32GT-Rのオーナーを撮影した時のもの。「GT-Rはロンドンでは台数が少ない。ランボルギーニと見かける確率は同じくらいかな」といっていたオーナー。クルマに関して独特のセンスを持つイギリス人は、ちょっと無骨なシルエットにターボエンジンを組み込む、電子制御のハイテクモンスターマシンの魅力を早くから認めたようだ。イギリスでは、インプレッサ、ランサー・エボルーション、ホンダS2000などが人気である。一昔前のカルトカーといえば、ゴルフGTIやランチア・インテグラーレだった。その中でも、R32GT-Rへの関心度が高いのは、左側通行でハンドル位置が同じであり、欧州スポーツカーにはない独自の個性があったからだ。

スカイライン時代のGT-Rは、スポーツカー好きの垂涎（すいぜん）の的だった。時は経ちニッサンGT-Rとなった現在、電子デバイスの塊（かたまり）と揶揄（やゆ）されながらも、イギリスの自動車雑誌からは賞賛され続けている。当時、高嶺の花だったクルマを、青春の思い出とオーバーラップさせて購入するのもいいだろう。ちょっと旧いクルマは、性能、信頼性、実用性、価格のすべてにおいて満足できるものがある。いまだから手に入れることができる「主張のあるクルマ」から得るものの大きさは測りしれない。

昔憧れたクルマを比較的安く入手することができ、またそれを維持することも簡単な、趣味性の強いクルマに乗りたいと考えている人は多いと思う。とくに国産車は工業製品としての信頼性の高さとともに、パーツの供給が安定している。ちょっと旧い憧れのクルマを所有するとき、この安心感は大きな意味を持つ。

あとがき

自動車写真を撮って三四年になる。あらゆる種類のクルマを世界中で撮ってきた。とくにポルシェはオフィシャル・フォトグラファーとして、現在も撮り続けている。

日本では、主に、一九八四年創刊の「NAVI」のメイン・フォトグラファーとして作品を発表してきた。すぐれた自動車写真とはどういう写真を指すのだろうか。どうすればそれがわかるようになるだろうか。試行錯誤の日々は長きにわたり、自分なりの自動車写真を実感できたときには、二〇年が過ぎようとしていた。

現代のクルマは多義的であり、単に美麗なフォルムを撮るだけでは、そのクルマの持つ意味や魅力を伝えることは難しい。時代の変遷とともにクルマを取り巻く環境も変化し、現代人がクルマに興味を持つ理由も多様化している。それらを見据えた解釈でクルマという文化をとらえ、乗り手の意思を写真に反映することを、もっとも重要なことととして考えなければならない。

この写真集は、二〇一二年に創刊された「NAVI CARS」の連載「SCENE」を中心に、大幅に加筆修正をしまとめた。写真家が何を考えて撮影しているのか、写真に文章を添えることで、自分なりの自動車観を伝えることができたと思っている。

何を主題に選びとり、それをどのように表現してきたかがわかれば、写真家の視線のありかたがわかってくるだろう。写真は好き嫌いで判断すればそれで十分なのかもしれない。しかし、一歩踏み込んで自動車写真を鑑賞できれば、さらに新たなクルマの魅力を発見できるはずである。この写真集が、自動車写真の妙味を味わうための一助になれば幸いである。

二〇一六年七月　　小川義文

出典一覧

1
PORSCHE 911 Turbo S（964モデル）
「NAVI CARS」2016年1月号

2
PORSCHE Boxster S
「NAVI CARS」2013年3月号

3
PORSCHE 911 Carrera 4（991モデル）
「NAVI CARS」2013年1月号

4
PORSCHE 911（1967）
『50 Years of the PORSCHE 911/ PORSCHE MUSEUM』
「NAVI CARS」2014年1月号

5
PORSCHE Cayenne S Transsyberia
「NAVI CARS」2016年7月号

6
PORSCHE 911 GT3
「NAVI CARS」2013年11月号

7
PORSCHE 918 Spyder
「NAVI CARS」2014年3月号

8
PORSCHE 911
「ENGINE」2015年6月号
ポルシェジャパン公式広報写真

9
LAND ROVER DISCOVERY 4
「ENGINE」2015年6月号

10
RANGE ROVER VOGUE
「NAVI CARS」2013年5月号

11
RANGE ROVER EVOQUE
「NAVI CARS」2012年11月号

12
Ferrari 365GT4/BB
撮影協力：西川 淳
「NAVI CARS」2014年11月号

13
Ferrari California 30 Giappone
「NAVI CARS」2013年7月号

14
Alfa Romeo 2000 Sportiva Coupe（1954）
Museo Storico Alfa Romeo
「NAVI CARS」2014年9月号

15
CITROËN C4
「Courier Vol.1」April 2012

16
CITROËN DS4
「NAVI CARS」2015年1月号

17
CITROËN DS5
「NAVI CARS」2013年9月号

18
Jaguar E-type（1965）
撮影協力：後藤將之

19
Jaguar XE S
「NAVI CARS」2015年11月号

20
Jaguar Mk.II Saloon
「NAVI CARS」2015年7月号

21
ASTON MARTIN DB9 GT
「NAVI CARS」2016年3月号

22
Morgan Plus 8
「NAVI」1992年8月号

23
Rolls-Royce Dawn
ロールス・ロイス・モーター・カーズ公式広報写真

24
BMW i3
「NAVI CARS」2014年7月号

25
MINI COOPER S CLUBMAN
「ランティエ」2008年5月号

26
MAZDA RX-Vision
Yoshifumi Ogawa/Getty Images for Mazda Motor Co.
「NAVI CARS」2016年5月号

27
LEXUS LFA
撮影協力 Lexus international

28
Fairlady 2000
「NISSAN magazine SHIFT」spring 2010

29
SKYLINE GT-R（R32）
「NAVI CARS」2015年9月号

小川義文（おがわ・よしふみ）

東京生まれ。写真家。
世界的なフォトグラファーとして、ポルシェのオフィシャル・フォトグラファーをはじめ、内外のさまざまな自動車を撮影している。またラリー・ドライバーとして「パリ・ダカールラリー」「トランス・シベリアラリー」などに出場した。日本雑誌広告賞ほかを受賞。著書には『写真家の引き出し』（幻冬舎）ほかがある。
日本広告写真家協会、日本自動車ジャーナリスト協会会員。

小川義文　自動車

第1刷発行　2016年9月1日
著　者　小川義文
発行者　千石雅仁
発行所　東京書籍株式会社
〒114-8524　東京都北区堀船 2-17-1
電話 03（5390）7531（営業）
03（5390）7507（編集）

印刷・製本　図書印刷株式会社

ISBN978-4-487-80979-0　C0065

http://www.tokyo-shoseki.co.jp